U0953870

北京市绿色建筑评价技术指南 2022

北京市住房和城乡建设科技促进中心
北京建筑技术发展有限责任公司 主编

中国建材工业出版社

图书在版编目（CIP）数据

北京市绿色建筑评价技术指南．2022/北京市住房和城乡建设科技促进中心，北京建筑技术发展有限责任公司主编．--北京：中国建材工业出版社，2023.7

ISBN 978-7-5160-3754-6

Ⅰ.①北… Ⅱ.①北… ②北… Ⅲ.①生态建筑—评价—北京—指南 Ⅳ.①TU18-62

中国国家版本馆 CIP 数据核字（2023）第 077494 号

北京市绿色建筑评价技术指南 2022

BEIJINGSHI LÜSE JIANZHU PINGJIA JISHU ZHINAN 2022

北京市住房和城乡建设科技促进中心
北京建筑技术发展有限责任公司 **主编**

出版发行：中国建材工业出版社

地　　址：北京市海淀区三里河路 11 号

邮　　编：100831

经　　销：全国各地新华书店

印　　刷：北京印刷集团有限责任公司

开　　本：787mm×1092mm　1/16

印　　张：14.75

字　　数：300 千字

版　　次：2023 年 7 月第 1 版

印　　次：2023 年 7 月第 1 次

定　　价：86.00 元

本社网址：www.jccbs.com，微信公众号：zgjcgycbs

编写委员会

主　　编： 李　珂　林　杰

执行主编： 郭　宁　韩　克　鲁东静

顾问委员： 万水娥　曾　捷　冯菊梅　何建清　胡瑞深
李瑞林　崔俊奎　宋　凌　刘吉臣

编　　委： 王　争　魏吉祥　石向东　张　波　宛　春
薛　军　凌振军　杨家骥　张宝超　董　良
刘　琳　杨　威　董志宇　岳　彬　朱姣颖
朱　涛　徐　晖　张馨元　张　咪　王昌兴
林波荣　鹿　勤　孟　冲　包延慧　蔡　波
孙桂芳

编写人员： 黄献明　吴晓海　韩　煦　田　森　谢琳娜
赵彦革　黄　宁　刘　翼　曾　宇　巩金超
周云柯　胡　敏　金　颖　季文君　肖　伟
王　志　朱颖秋　陈劲松　牟艳君　余　娟
付冬楠　张　然　郭振伟　伍孝波　李国柱
王国建　张　宁　杨润滨　史　阳　魏　凯
骆德奎　李　檀　秦　萌　宋　娇　史大卉
李　敬　孟　剑　聂　垚

主编单位： 北京市住房和城乡建设科技促进中心
北京建筑技术发展有限责任公司

参编单位： 中国建筑科学研究院有限公司

清华大学
中国城市规划设计研究院
北京市建筑设计研究院有限公司
北京清华同衡规划设计研究院有限公司
中国建筑一局（集团）有限公司
中建工程产业技术研究院有限公司
中国国检测试控股集团股份有限公司
北京市住宅产业化集团股份有限公司
北京市住宅建筑设计研究院有限公司
中国城市科学研究会绿色建筑研究中心
中建一局集团第二建筑有限公司
北京实创鑫诚节能技术有限公司
中筑建科（北京）技术有限公司

前　言

推动绿色建筑发展，是北京建设领域贯彻新发展理念、促进生态文明建设、建设绿色城市、推进首都高质量发展的重要内容，是落实《北京城市总体规划（2016年—2035年）》和京津冀协同发展战略的内在要求，是践行“以人民为中心”发展思想、实现人民群众对美好生活向往、增进民生福祉、建设国际一流的和谐宜居之都的必然选择。

2005年，北京市发布全国首部《绿色建筑评估标准》（DBJ/T 01—101—2005），实施绿色奥运场馆建设，开启了绿色建筑发展之路。二十余年来，北京市系统构建绿色建筑政策、标准、技术和管理体系，通过政府强制与激励引导相结合的方式，以点带面统筹推进绿色建筑高标准、高质量发展。2014年，北京市发布《北京市民用建筑节能管理办法》（市政府令第256号），明确规定本市新建民用建筑执行一星级绿色建筑标准；2017年发布《关于新建政府投资公益性建筑和大型公共建筑全面执行绿色建筑二星级标准的通知》（市规划国土发〔2017〕第243号），规定自2017年10月1日起，北京市新建政府投资公益性建筑（政府投资的学校、医院、博物馆、科技馆、体育馆等满足社会公众公共需要的公益性建筑）和大型公共建筑（单体建筑面积超过2万平方米的机场、车站、宾馆、饭店、商场、写字楼等大型公共建筑）全面执行绿色建筑二星级及以上标准，持续编制绿色建筑设计标准、绿色建筑评价标准、适用技术目录、工程计价依据等标准和文件，为绿色建筑发展提供技术支撑。截至2022年年底，北京市累计执行绿色建筑标准的工程建筑面积近3.7亿平方米，建成绿色建筑面积近2亿平方米，实现绿色建筑规模化发展；累计通过绿色建筑标识项目866项，建筑面积近1亿平方米，其中运行标识114项，二星级以上面积占比95.7%，创建了一批影响力大、辐射强的绿色建筑创新示范项目，共有46个绿色建筑运行标识项目获得市级奖励资金，44个项目获得全国绿色建筑创新奖，其中一等奖11项、二等奖16项、三等奖17项；推进北京城市副中心行政办公区、2022年冬奥会场馆、北京大兴国际机场临空经济区、中关村科学城、怀柔科学城、延庆世园会等重点区域和重大项目高标准建设绿色建筑项目。

为完整、准确、全面贯彻新发展理念，构建绿色建筑高质量发展新格局，推动京津冀区域协同发展，强化标准引领，北京市住房和城乡建设委员会联合天津市住房和城乡建设委员会、河北省住房和城乡建设厅，组织京津冀区域相关专业专家编制了京津冀区域协同工程建设标准《绿色建筑评价标准》（DB11/T 825—2021），于2021年6月1日起实施。2022年4月，为规范北京市绿色建筑标识管理，推动绿色建筑高质量发展，按照住房城乡建设部的要求，市住房城乡建设委、市规划自然资源委联合发布《关于印发〈北京市绿色建筑标识管理办法〉的通知》（京建法〔2022〕4号），取消了设计标识，基于三级管理模式明确了市、区两级认定绿色建筑等级的权限与职责，明确了绿色建筑标识认定的评价标准、认定程序以及标识项目的管理要求。

为进一步细化《绿色建筑评价标准》（DB11/T 825—2021）的评价方法要求，明确一、二星级绿色建筑标识评价要点，统一评价尺度，引导绿色策略实施，为北京市绿色建筑项目的设计、建设和运营提供参考，北京市住房和城乡建设科技促进中心组织编制了《北京市绿色建筑评价技术指南》（以下简称《指南》）。《指南》紧密结合《绿色建筑评价标准》（DB11/T 825—2021）的技术条款要求，对每个技术条款设置【评价要点】和【实施要点】两部分。【评价要点】包括评价专业、评价要点、建议提交材料及要求；【实施要点】侧重于重点关注的策略或措施，供实施单位在设计阶段、实施过程和运营过程中借鉴；为加强理解，涉及计算报告书的部分条款设置【计算方法】。同时，《指南》根据北京市绿色建筑发展情况提出了各技术条款符合基本政策规定的得分及满足一星级要求的最低得分。

《指南》编写人员参与了北京市地方标准《绿色建筑评价标准》（DB11/T 825—2021）的编制、绿色建筑标识评价工作和绿色建筑系统性研究，具有丰富的专业理论知识和标识评价经验。《指南》参阅了《绿色建筑评价技术细则（2019）》的有关章节论著，在此向所有参考文献的原作者表示敬意和感谢。《指南》的出版得到了北京市住房和城乡建设委员会各级领导的指导和大力支持，凝聚了编写人员、审查人员的智慧和劳动，在此一并致谢。

相关读者对本《指南》如有意见和建议，请联系北京建筑技术发展有限责任公司（地址：北京市丰台区西铁营万达广场写字楼 11 层 1101，邮编：100069，联系电话：010-68179881）。

编者

2023 年 1 月

目　录

第一部分　北京市绿色建筑标识管理办法和申报流程

1　北京市绿色建筑标识管理办法

第一章　总　则

第一条　为规范本市绿色建筑标识管理，促进绿色建筑高质量发展，根据《北京市实施〈中华人民共和国节约能源法〉办法》、《北京市民用建筑节能管理办法》（市政府令第256号）、《住房和城乡建设部关于印发绿色建筑标识管理办法的通知》（建标规〔2021〕1号）和《住房和城乡建设部办公厅关于做好三星级绿色建筑标识申报工作的通知》（建办标〔2021〕23号）要求，制定本办法。

第二条　本办法所称绿色建筑标识，是指表示绿色建筑星级并载有性能指标的信息标志，包括标牌和证书。绿色建筑标识由住房和城乡建设部统一式样，证书由授予部门制作或核发电子证书，标牌由申报单位根据不同应用场景按照制作指南自行制作。

第三条　绿色建筑标识授予范围为本市符合绿色建筑星级标准的民用与工业建筑。

第四条　绿色建筑标识星级由低至高分为一星级、二星级和三星级3个级别。

第五条　新建民用建筑三星级标识认定采用国家《绿色建筑评价标准》（GB/T 50378），一、二星级标识认定采用京津冀区域协同工程建设标准《绿色建筑评价标准》（DB11/T 825）；新建工业建筑采用《绿色工业建筑评价标准》（GB/T 50878）；既有建筑改造采用《既有建筑绿色改造评价标准》（GB/T 51141）。

第六条　北京市住房和城乡建设委员会（以下简称市住房城乡建设委）负责全市绿色建筑标识管理工作，负责建立完善北京市绿色建筑标识管理信息系统，编制绿色建筑评价标准，认定城市副中心区域以外二星级绿色建筑并授予标识，向住房城乡建设部推荐三星级绿色建筑项目，指导各区开展绿色建筑标识认定工作；北京市规划和自然资源委员会（以下简称市规划自然资源委）和市住房城乡建设委共同组建北京市绿色建筑专家委员会，共同制定完善本市绿色建筑专家委员会管理相关制度。

北京城市副中心管理委员会（以下简称副中心管委会）负责认定城市副中心区域内二星级绿色建筑并授予标识。

区住房城乡建设主管部门（含北京经济技术开发区开发建设局）负责认定本区一星级绿色建筑并授予标识。市规划自然资源委各分局配合区住房城乡建设主管部门，负责本区绿色建筑规划设计阶段的管理工作。

第七条　绿色建筑标识认定所需经费应列入市、区住房城乡建设主管部门、副中心管委会部门年度预算。

第八条 涉密项目及不能通过标识管理信息系统进行绿色建筑标识申报的项目，采用线下评审方式认定，提交材料及认定程序参照第二章要求执行。涉密项目认定过程应遵循工程项目保密要求。其他线下评审项目认定结果信息应及时上报至标识管理信息系统。

第二章 认定程序

第九条 申报绿色建筑标识遵循自愿原则，绿色建筑标识认定遵循科学、公开、公平、公正原则。

第十条 绿色建筑标识认定工作原则上应统一在北京市绿色建筑标识管理信息系统中注册登录（系统建立完善前需登录住房城乡建设部绿色建筑标识管理信息系统，网址：http：//lsjz. jzjn. mohurd. gov. cn）进行申报和认定。

第十一条 绿色建筑标识认定需经申报、形式审查、初审、专家审查、公示、公告等环节。

第十二条 绿色建筑标识申报应由项目建设单位、运营单位或业主单位提出，鼓励设计、施工和咨询等相关单位共同参与申报，具有同一立项审批文件的项目原则上应当按一个项目申报。申报绿色建筑标识的项目应具备以下条件：

（一）已通过建设工程竣工验收并完成竣工验收备案；

（二）自评估满足国家或地方绿色建筑相关评价标准相应等级要求。

第十三条 申报单位应在标识管理信息系统中填写项目基本情况和主要技术指标信息，按照绿色建筑评价标准逐条对项目达标和得分情况进行自评，在线提交相关材料。项目申报名称原则上应与立项审批文件中项目名称保持一致（已投入运行的申报项目可按核准后的建筑物使用名称，括号备注立项审批名称）。申报材料应包括以下内容：

（一）绿色建筑标识申报承诺函（扫描件）；

（二）申报书（扫描件）；

（三）自评估报告（扫描件）；

（四）项目立项审批文件（扫描件）；

（五）各申报单位简介、资质证书、统一社会信用代码证（扫描件）；

（六）与标识认定相关的竣工图纸、报告、计算书、图片、视频、项目选用绿色技术措施增量成本列表等技术文件（扫描件）；

（七）申报绿色建筑标识项目电耗限额情况说明（扫描件）。

扫描件是指在申报系统内上传原件的扫描件。承诺函、申报书、自评估报告为系统在线填报自动生成后，下载加盖申报单位公章；电耗限额情况说明及增量成本列表须加盖申报单位公章。

第十四条 市、区住房城乡建设主管部门、副中心管委会依第六条规定负责受理标识申报，并对申报资料进行形式审查，五个工作日内系统反馈申报单位审查结果。对资料不齐全的，返回申报单位补充材料，受理日期自申报材料补充齐全之日起计算。形式审查主要内容如下：

（一）申报单位和项目是否符合申报条件，申报项目名称是否规范；

（二）申报材料是否齐全、完整、有效。

第十五条　形式审查通过后，进入项目初审。初审应满足以下两方面条件：

（一）项目未发生一般及以上质量安全事故；

（二）按照《北京市住房和城乡建设委员会 北京市发展和改革委员会 北京市城市管理委员会 北京市机关事务管理局关于印发〈北京市公共建筑电耗限额管理暂行办法〉的通知》（京建法〔2020〕5号）要求进行考核的公共建筑，电耗限额通过考核（纳入考核或考核合格）。

符合初审要求的申报三星级绿色建筑标识项目，由市住房城乡建设委推荐至住房城乡建设部。

第十六条　符合初审要求的申报一、二星级绿色建筑标识项目，由市、区住房城乡建设主管部门、副中心管委会依认定权限组织专家审查，按照绿色建筑评价标准审查绿色建筑性能，确定绿色建筑等级。对于审查中无法确定的项目技术内容，可组织专家进行现场核查。项目审查专家应统一从北京市绿色建筑专家委员会中随机抽取，由不少于7名的单数组成。

未通过专家审查的项目，系统反馈申报单位不通过结论。申报单位重新申报标识的，应自收到反馈之日起90日后方可申报。

第十七条　通过专家审查的项目，市、区住房城乡建设主管部门、副中心管委会应在各自门户网站进行公示。公示内容包括项目所在区、类型、名称、申报单位、绿色建筑星级和关键技术指标等。公示期不少于7个工作日。对在公示期内提出的署名书面意见必须核实情况并处理异议。

第十八条　对公示无异议的项目，市、区住房城乡建设主管部门、副中心管委会应在各自门户网站发布公告，并授予证书，电子证书可通过系统自行下载打印。

第三章　标识管理

第十九条　市、区住房城乡建设主管部门、副中心管委会应严格按照绿色建筑标识认定程序组织实施；应加强对绿色建筑标识项目的监督，可聘请第三方对获得绿色建筑标识项目进行抽查检查；应加强工作人员和专家的教育和管理，切实防控廉政风险。

第二十条　获得绿色建筑标识的项目运营单位或业主，应强化绿色建筑运行管理，加强运行指标与申报绿色建筑星级指标比对，每年将年度运行主要指标上报绿色建筑标识管理信息系统。

第二十一条　参与绿色建筑标识认定的专家应坚持公平公正的原则，严格遵循绿色建筑专家委员会相关制度的要求。

第二十二条　市、区住房城乡建设主管部门、副中心管委会发现获得绿色建筑标识项目存在以下任一问题，应提出限期整改要求，整改期限不超过2年：

（一）项目低于已认定绿色建筑星级；

（二）项目主要性能低于绿色建筑标识证书的指标；

（三）利用绿色建筑标识进行虚假宣传；

（四）连续两年以上不如实上报主要指标数据。

第二十三条　市、区住房城乡建设主管部门、副中心管委会发现获得绿色建筑标识项目存在以下任一问题，应撤销绿色建筑标识，收回标牌和证书：

（一）整改期限内未完成整改；

（二）伪造技术资料和数据获得绿色建筑标识；

（三）发生重大安全事故。

第二十四条 项目建设单位或使用者对认定结果有异议的，可依法申请行政复议或者提起行政诉讼。

第四章 附则

第二十五条 本办法由市住房城乡建设委和市规划自然资源委负责解释。

第二十六条 本管理办法自发布之日起施行。《北京市住房和城乡建设委员会 北京市规划委员会关于印发〈北京市绿色建筑评价标识管理办法〉的通知》（京建发〔2010〕670 号）、《北京市规划和国土资源管理委员会 北京市住房和城乡建设委员会关于北京市绿色建筑标识管理有关工作的通知》（市规划国土文〔2017〕64 号）同时废止。

2　北京市绿色建筑标识申报流程

北京市绿色建筑一、二星级标识认定及三星级推荐流程

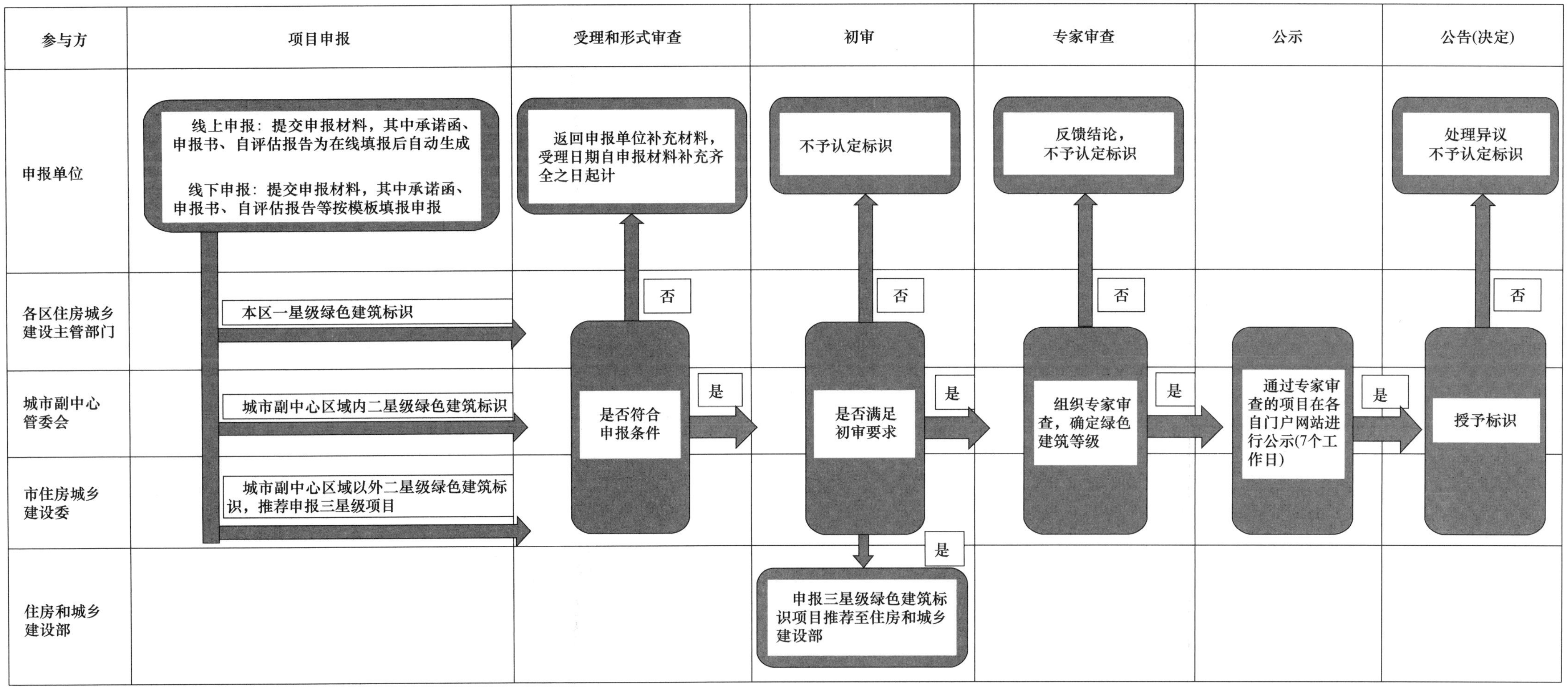

第二部分　评价指标体系及分值总览

北京市地方标准《绿色建筑评价标准》DB11/T 825-2021（京津冀区域协同工程建设标准）评价指标体系及分值总览

控制项														
安全耐久			健康舒适			生活便利			资源节约			环境宜居		
序号	指标	要求	序号	指标	要求	序号	指标	要求	序号	指标	要求	序号	指标	要求
4.1.1	场地安全	满足	5.1.1	室内污染物控制	满足	6.1.1	无障碍步行系统	满足	7.1.1	建筑节能设计	满足	8.1.1	满足日照标准	满足
4.1.2	建筑结构承载力、围护结构安全耐久性	满足	5.1.2	避免污染物串通	满足	6.1.2	公共交通联系便捷	满足	7.1.2	部分负荷空间节能	满足	8.1.2	室外热环境	满足
4.1.3	外部设施与主体结构统一设计、施工	满足	5.1.3	给水排水系统设置	满足	6.1.3	电动汽车充电设施和无障碍停车位设置	满足	7.1.3	过渡区域温度设定	满足	8.1.3	合理选择绿化方式	满足
4.1.4	建筑内部非结构构件、设备及附属设施等连接牢固	满足	5.1.4	室内噪声级和隔声性能（低限）	满足	6.1.4	合理设置自行车停车场所	满足	7.1.4	照明功率密度值和照明节能控制	满足	8.1.4	场地竖向设计和雨水控制利用	满足
4.1.5	建筑外门窗安装牢固	满足	5.1.5	建筑照明设计	满足	6.1.5	建筑设备管理系统	满足	7.1.5	能耗独立分项计量	满足	8.1.5	建筑内外标识系统	满足
4.1.6	卫浴间防水防潮	满足	5.1.6	室内热环境	满足	6.1.6	建筑信息网络系统	满足	7.1.6	电梯节能控制	满足	8.1.6	场地污染源	满足
4.1.7	通行空间满足紧急疏散、应急救护要求	满足	5.1.7	围护结构热工性能（结露、冷凝及隔热性能）	满足				7.1.7	水资源利用方案	满足	8.1.7	生活垃圾管理	满足
4.1.8	安全警示和引导标识设置	满足	5.1.8	热环境调节装置设置	满足				7.1.8	择优选用建筑形体	满足			
			5.1.9	CO 浓度监测	满足				7.1.9	建筑造型要素简约	满足			
									7.1.10	建筑材料选用	满足			

北京市地方标准《绿色建筑评价标准》DB11/T 825-2021（京津冀区域协同工程建设标准）评价指标体系及分值总览

评分项

安全耐久

序号	指标	分值	满足基本政策标准规定应得分数		评分难易	满足一星级建议最低得分	
			居建	公建		居建	公建
Ⅰ安全		53	28	28		33	33
4.2.1	抗震性能	10	0	0	难	0	0
4.2.2	安全防护措施	15	5	5	中	5	5
4.2.3	安全防护功能产品及配件	10	5	5	易	10	10
4.2.4	地面或路面的防滑措施	10	10	10	易	10	10
4.2.5	人车分流，步行和自行车道的照明设计	8	8	8	易	8	8
Ⅱ耐久		47	0	0		0	0
4.2.6	建筑适变性	18	0	0	中	0	0
4.2.7	提升建筑部品部件耐久性	10	0	0	中	0	0
4.2.8	提高建筑结构材料耐久性	10	0	0	难	0	0
4.2.9	耐久性好、易维护的装饰装修建筑材料	9	0	0	中	0	0

健康舒适

序号	指标	分值	满足基本政策标准规定应得分数		评分难易	满足一星级建议最低得分	
			居建	公建		居建	公建
Ⅰ室内空气品质		20	3	3		3	3
5.2.1	降低室内污染物浓度	12	3	3	难	3	3
5.2.2	选用绿色产品评价标准的装饰装修材料	8	0	0	难	0	0
Ⅱ水质		25	17	17		25	25
5.2.3	直饮水、生活热水等水质要求	8	8	8	易	8	8
5.2.4	储水设施卫生要求	9	9	9	易	9	9
5.2.5	给排水管道、设备、设施永久性标识设置	8	0	0	中	8	8
Ⅲ声环境和光环境		30	0	0		3	3
5.2.6	优化室内声环境	8	0	0	易	0	0
5.2.7	提高隔声性能	10	0	0	中	0	0
5.2.8	充分利用天然光	12	0	0	易	3	3
Ⅳ室内热湿环境		25	9	4		10	5
5.2.9	室内热湿环境	8	4	4	中	5	5
5.2.10	改善室内自然通风	8	5	0	易	5	0
5.2.11	可调节遮阳措施比例	9	0	0	居难，公中	0	0

北京市地方标准《绿色建筑评价标准》DB11/T 825-2021（京津冀区域协同工程建设标准）评价指标体系及分值总览

评分项

生活便利

序号	指标	分值	满足基本政策标准规定应得分数		评分难易	满足一星级建议最低得分	
			居建	公建		居建	公建
Ⅰ出行与无障碍		16	3	3		7	7
6.2.1	公共交通站点联系便捷	8	0	0	难	2	2
6.2.2	公共区域全龄化设计	8	3	3	中	5	5
Ⅱ服务设施		25	0	0		11	11
6.2.3	公共服务设施便利	10	0	0	中	5	5
6.2.4	开敞空间步行可达	5	0	0	中	3	3
6.2.5	合理设置健身场地和空间	10	0	0	中	3	3
Ⅲ智慧运行		29	16	16		16	16
6.2.6	用能自动远传、计量及能源管理系统设置	8	8	8	易	8	8
6.2.7	空气质量监测系统	5	5	5	易	5	5
6.2.8	用水远传计量和水质在线监测系统	7	0	0	难	0	0
6.2.9	智能化服务系统	9	3	3	中	3	3
Ⅳ物业管理		30	15	15		15	15
6.2.10	制定完善的操作规程、应急预案及能源资源管理激励机制	5	5	5	易	5	5
6.2.11	节水用水定额	5	0	0	难	0	0
6.2.12	绿色运营效果定期评估及优化	12	5	5	中	5	5
6.2.13	绿色教育宣传和实践	8	5	5	易	5	5

资源节约

序号	指标	分值	满足基本政策标准规定应得分数		评分难易	满足一星级建议最低得分	
			居建	公建		居建	公建
Ⅰ节地与土地利用		40	15	8		15	8
7.2.1	节约集约利用土地	20	0	8	居难，公易	0	8
7.2.2	合理开发利用地下空间	12	7	0	居易，公中	7	0
7.2.3	合理设计停车场所	8	8	0	居易，公中	8	0
Ⅱ节能与能源利用		60	28	18		28	18
7.2.4	优化围护结构热工性能	15	10	0	居易，公中	10	0
7.2.5	冷、热源机组能效	10	5	5	中	5	5
7.2.6	降低暖通末端系统及输配系统能耗	5	5	5	中	5	5
7.2.7	节能型电气设备与节能控制措施	10	8	8	中	8	8
7.2.8	降低建筑能耗措施	10	0	0	中	0	0
7.2.9	可再生能源利用	10	0	0	中	0	0
Ⅲ节水与水资源利用		50	30	30		30	30
7.2.10	卫生器具用水效率	15	0	0	中	0	0
7.2.11	节水灌溉及节水冷却技术	12	7	7	中	7	7
7.2.12	室外景观水体	8	8	8	中	8	8
7.2.13	非传统水源利用	15	15	15	易	15	15
Ⅳ节材与绿色建材		50	40	40		40	40
7.2.14	土建与装修一体化设计及施工	8	8	8	中	8	8
7.2.15	合理选用建筑结构材料与构件	10	10	10	中	10	10
7.2.16	工业化内装部品	8	8	8	易	8	8
7.2.17	可再循环、再利用及利废建材	12	6	6	中	6	6
7.2.18	绿色建材	12	8	8	中	8	8

第三部分　评价要求

1　总　则

1.0.1　为贯彻落实绿色发展理念，推进京津冀地区绿色建筑高质量发展，节约资源，保护环境，满足人民日益增长的美好生活需要，制定本标准。

1.0.2　本标准适用于京津冀地区行政区域内民用建筑绿色性能的评价。

1.0.3　绿色建筑评价应遵循因地制宜的原则，结合京津冀地区的气候、环境、资源、经济和文化等特点，对建筑全寿命期内的安全耐久、健康舒适、生活便利、资源节约、环境宜居等性能进行综合评价。

1.0.4　绿色建筑应结合地形地貌进行场地设计与建筑布局，且建筑布局应与场地的气候条件和地理环境相适应，并应对场地的风环境、光环境、热环境、声环境等加以组织和利用。

1.0.5　绿色建筑评价除应符合本标准外，尚应符合国家及地方现行有关标准的规定。

2 术 语

2.0.1 绿色建筑 green building

在全寿命期内，节约资源、保护环境、减少污染，为人们提供健康、适用、高效的使用空间，最大限度地实现人与自然和谐共生的高质量建筑。

2.0.2 绿色性能 green performance

涉及建筑安全耐久、健康舒适、生活便利、资源节约（节地、节能、节水、节材）和环境宜居等方面的综合性能。

2.0.3 全装修 decorated

在交付前，住宅建筑内部墙面、顶面、地面全部铺贴、粉刷完成，门窗、固定家具、设备管线、开关插座及厨房、卫生间固定设施安装到位；公共建筑公共区域的固定面全部铺贴、粉刷完成，水、暖、电、通风等基本设备全部安装到位。

2.0.4 热岛强度 heat island intensity

城市内一个区域的气温与郊区气温的差别，用二者代表性测点气温的差值表示，是城市热岛效应的表征参数。

2.0.5 绿色建材 green building material

在全寿命期内可减少对资源的消耗、减轻对生态环境的影响，具有节能、减排、安全、健康、便利和可循环特征的建材产品。

2.0.6 绿色金融 green finance

为支持环境改善、应对气候变化和资源节约与高效利用的经济活动，对环保、节能、清洁能源、绿色交通、绿色建筑等领域的项目投融资、项目运营、风险管理等所提供的金融服务。

3 基本规定

3.1 一般规定

3.1.1 绿色建筑评价应以单栋建筑或建筑群为评价对象。评价对象应落实并深化上位法定规划及相关专项规划提出的绿色发展要求；涉及系统性、整体性指标，应根据建筑所属工程项目的总体进行评价。

3.1.2 绿色建筑评价应在建筑工程竣工后进行。在建筑工程施工图设计完成后，可进行预评价。

【条文说明扩展】

北京市地方标准《绿色建筑评价标准》DB11/T 825-2021（以下简称《标准》）对绿色建筑评价阶段进行了重新要求。本指南不包含预评价内容。

建筑工程竣工后的绿色建筑评价，可以分为两种不同情况：一种情况是在建筑工程竣工后、投入使用前即进行绿色建筑评价，另一种情况是在建筑工程投入使用一段时间才进行绿色建筑评价。《标准》及本指南对于建筑工程竣工后的这两个不同时间节点的评价方式进行了规定。当这两个阶段提供材料无区别时，不做特别说明；当投入使用的建筑有额外材料要求时，本指南在【评价要点】表中“建议提交材料及要求”中可进行明确，例如运行维护记录、实际运行数据等。特别地，第6章“生活便利”中的“物业管理”部分的4条均针对投入使用后的绿色建筑评价，投入使用后再进行绿色建筑评价的项目可由此获得更多评价得分（30分）。

3.1.3 申请评价方应对参评建筑进行全寿命期技术和经济分析，选用适宜技术、设备和材料，对规划、设计、施工、运行阶段进行全过程控制，并应在评价时提交相应分析、测试报告和相关文件。申请评价方应对所提交资料的真实性和完整性负责。

3.1.4 评价机构应对申请评价方提交的分析、测试报告和相关文件进行审查，出具评价报告，确定等级。

【条文说明扩展】

本条对绿色建筑评价机构的相关工作提出要求，具体按照《北京市绿色建筑标识管理办法》（京建法〔2022〕4号）的要求执行。

3.1.5 申请绿色金融服务的建筑项目，应对节能措施、节水措施、建筑能耗和碳排放等进行计算和说明，并应形成专项报告。

3.2 评价与等级划分

3.2.1 绿色建筑评价指标体系由安全耐久、健康舒适、生活便利、资源节约、环境宜居5类指标组成，且每类指标均包括控制项和评分项；评价指标体系还统一设置加分项。

3.2.2 控制项的评定结果应为达标或不达标；评分项和加分项的评定结果应为分值。

【条文说明扩展】

控制项为绿色建筑评价的先决条件，评价结果为达标和不达标。评分项的评价，依据评价条文的规定确定得分或不得分，得分时根据需要对具体评分子项确定得分值，或根据具体达标程度确定得分值。加分项的评价，依据评价条文的规定确定得分或不得分。

《标准》中评分项的赋分有以下几种方式：

1. 一条条文评判一类性能或技术指标，且不需要根据达标情况不同赋以不同分值时，赋以一个固定分值，该评分项的得分为 0 分或固定分值，在条文主干部分表述为“评价分值为某分”，如 4.2.1 条；

2. 一条条文评判一类性能或技术指标，需要根据达标情况不同赋以不同分值时，在条文主干部分表述为“评价总分值为某分”，同时将不同得分值表述为“得某分”的形式，且从低分到高分排列；递进的档次特别多或者评分特别复杂的，则采用列表的形式表达，在条文主干部分表述为“按某表的规则评分”，如 5.2.11 条；

3. 一条条文评判一类性能或技术指标，但需要针对不同建筑类型或特点分别评判时，针对各种类型或特点按款或项分别赋以分值，各款或项得分均等于该条得分，在条文主干部分表述为“按下列规则评分”，如 6.2.3 条；

4. 一条条文评判多个技术指标，将多个技术指标的评判以款或项的形式表达，并按款或项赋以分值，该条得分为各款或项得分之和，在条文主干部分表述为“按下列规则分别评分并累计”，如 7.2.11 条；

5. 一条条文评判多个技术指标，其中某技术指标需要根据达标情况不同赋以不同分值时，首先按多个技术指标的评判以款或项的形式表达并按款或项赋以分值，然后考虑达标程度不同对其中部分技术指标采用递进赋分方式，如 8.2.3 条。

可能还会存在少数条文出现其他评分方式组合。

《标准》中评分项和加分项条文主干部分给出了该条文的“评价分值”或“评价总分值”，是该条可能得到的最高分值。

3.2.3 多功能的综合性单体建筑，应按本标准全部评价条文逐条对适用的区域进行评价，确定各评价条文的得分。

【条文说明扩展】

不论建筑功能是否综合，均以各个条/款为基本评判单元。对于某一条文，只要建筑中有相关区域涉及，则该建筑就参评并确定得分。对于条文下设两款分别针对住宅建筑和公共建筑的情况，所评价建筑如果同时具有住宅建筑和公共建筑，则需按这两种功能分别评价后再取平均值［例如《标准》5.2.8 条标准条文第 1 款规定了住宅建筑的得分情形，第 2 款又明确了公共建筑的得分情形，综合体建筑评价时如第 1 款住宅部分得 9 分，第 2 款公共建筑部分得 3 分，那么项目可得平均分为 6 分；第 3 款未区分住宅建筑和公共建筑，综合体建筑评价时则需两部分都进行评价，如果住宅部分得0分，公共建筑部分得3分，那么按下述原则（3），该款不得分]。

总体原则为：

（1）只要有涉及即全部参评。以商住楼为例，即使底商面积比例很小，但仍要参评，并作为整栋建筑的得分（而不按面积折算）；

（2）系统性、整体性指标应总体评价；

（3）所有部分均满足要求才给分，例如《标准》第7.2.5条（冷热源机组能效），如果综合体公共建筑部分使用集中空调系统，住宅部分使用分体空调，只有所有的冷热源均达到相应要求才能得分（公共建筑部分达到要求而住宅部分未满足，不得分）；

（4）递进分档得分的条文，按"就低不就高"的原则确定得分。以《标准》第7.2.5条（冷热源机组能效）为例，若公共建筑集中空调系统冷水机组COP提高12%（对应得分为10分），住宅建筑房间空气调节器能效比为节能评价值（对应得分为5分），则该条最终得分为5分；

（5）上述情况之外的特殊情况可特殊处理。此类特殊情况，如已在《标准》条文、条文说明或本指南中明示的，应遵照执行。对某些标准条文、条文说明、本指南的扩展说明中均未明示的特定情况，可根据实际情况进行判定。

3.2.4　绿色建筑评价的分值设定应符合表3.2.4的规定。

表3.2.4　绿色建筑评价分值

	控制项基础分值 Q_0	评价指标评分项满分值					提高与创新加分项满分值 Q_A
		安全耐久 Q_1	健康舒适 Q_2	生活便利 Q_3	资源节约 Q_4	环境宜居 Q_5	
预评价分值	400	100	100	70	200	100	100
评价分值	400	100	100	100	200	100	100

注：预评价时，《标准》第6.2.10、6.2.11、6.2.12、6.2.13、9.2.8条不得分。

3.2.5　绿色建筑评价的总得分应按下式计算：

$$Q=(Q_0+Q_1+Q_2+Q_3+Q_4+Q_5+Q_A)/10 \tag{3.2.5}$$

式中　Q——总得分；

Q_0——控制项基础分值，当满足所有控制项的要求时取400分；

Q_1～Q_5——分别为评价指标体系5类指标（安全耐久、健康舒适、生活便利、资源节约、环境宜居）评分项得分；

Q_A——提高与创新加分项得分。

3.2.6　绿色建筑等级划分应为基本级、一星级、二星级、三星级4个等级。

3.2.7　当满足全部控制项要求时，绿色建筑等级应为基本级。

3.2.8　绿色建筑星级等级应按下列规定确定：

1　一星级、二星级、三星级3个等级的绿色建筑均应满足本标准全部控制项的要求，且每类指标的评分项得分不应小于其评分项满分值的30%；

2　一星级、二星级、三星级3个等级的绿色建筑均应进行全装修，全装修工程质量、选用材料及产品质量应符合国家现行有关标准的规定；

3 当总得分分别达到 60 分、70 分、85 分且应满足表 3.2.8 的要求时，绿色建筑等级分别为一星级、二星级、三星级。

表 3.2.8 一星级、二星级、三星级绿色建筑的技术要求

		一星级	二星级	三星级
围护结构热工性能的提高比例，或建筑供暖空调负荷降低比例		围护结构提高 5%，或负荷降低 5%	围护结构提高 10%，或负荷降低 10%	围护结构提高 20%，或负荷降低 15%
节水器具用水效率等级		3 级	2 级	
室内主要空气污染物浓度降低比例		10%	20%	
外窗气密性能		符合国家和京津冀现行相关节能设计标准的规定，且外窗洞口与外窗本体的结合部位应严密		
住宅建筑	外窗传热系数降低比例	5%	10%	20%
	隔声性能	—	室外与卧室之间、分户墙（楼板）两侧卧室之间的空气声隔声性能以及卧室楼板的撞击声隔声性能达到低限标准限值和高要求标准限值的平均值	室外与卧室之间、分户墙（楼板）两侧卧室之间的空气声隔声性能以及卧室楼板的撞击声隔声性能达到高要求标准限值

注：1. 围护结构热工性能的提高基准、京津冀地区住宅建筑外窗传热系数降低基准分别为国家现行标准《公共建筑节能设计标准》GB 50189、《严寒和寒冷地区居住建筑节能设计标准》JGJ 26 的建筑节能设计要求。

2. 住宅建筑隔声性能对应的标准为现行国家标准《民用建筑隔声设计规范》GB 50118。

3. 室内主要空气污染物包括氨、甲醛、苯、总挥发性有机化合物、氡、可吸入颗粒物等，其浓度降低基准为现行国家标准《室内空气质量标准》GB/T 18883 的有关要求。

4　安全耐久

概　　述

Ⅰ　评价内容和特点

随着我国生态文明建设和建筑科技的快速发展，绿色建筑的定义从传统的“四节一环保”向人与自然的可持续发展理念延伸，强调在“全寿命期内”，最大限度地实现人与自然和谐共生及“高质量”发展。因此建筑的安全与耐久性能成为绿色建筑的重要性能之一。

本章条款总数为17条，其中控制项8条、评分项9条，章节总得分为100分。主要评价建筑结构、围护结构、建筑的附属物、建筑空间等在安全、耐久方面的性能，分为安全和耐久两大方面内容。

安全方面评价内容主要包括建设场地安全无危害、建筑结构的承载力、围护结构的安全和防护性能、非结构构件和门窗及建筑内外附属设施设备与土建一体化设计施工、通行空间的应急疏散要求等多个方面；通过基于性能的抗震设计并合理提高建筑的抗震性能，提高地震作用下的建筑安全度；通过适当提高防护水平或合理设计防护措施、采用安全防护功能的产品或配件以保障人员安全；并对地面路面的防滑、照明、人车分流等安全措施进行评价。

耐久方面评价内容主要包括建筑结构及围护结构的耐久性能、卫生间及浴室的防水防潮设计等方面；通过合理设计与合理选择建筑材料与部品、采取易维护的措施，提升建筑空间的适变性，适当提高结构构件、建筑部品及装饰装修材料的使用年限，可以增加评分分值。

本章主要评价目的是避免因建筑结构和围护结构的局部或整体不安全，或耐久性能达不到设计要求，而造成经济损失、社会或环境的不良影响，甚至危害人的生命财产安全，更达不到绿色建筑性能要求。

Ⅱ 评分指标体系

表 4-1 评分指标体系表

项目类别		条文号	评分指标	满分分值	满足基本政策标准规定应得分数		满足一星级建议最低得分		评分情况说明
					居建	公建	居建	公建	
评分项	Ⅰ安全（53分）	4.2.1	抗震性能	10	0	0	0	0	难 原因说明： 采用基于性能的抗震设计、合理提高建筑的抗震性能同时满足本条得分。 1. 基于性能的抗震设计方法目前尚未普及，多数常规建筑未采用此方法进行抗震设计； 2. 合理提高建筑的抗震性能时，建筑抗震设防目标一般高于常规抗震设计“小震不坏、中震可修、大震不倒”的抗震设防目标，相应构件的截面尺寸及配筋增加，增量成本高。
		4.2.2	安全防护措施	15	5	5	5	5	中 原因说明： 本条第Ⅰ款要求采取措施提高阳台、外窗、窗台、防护栏杆等安全防护水平，即高于现行规范要求。可以通过设计实现，有一定的增量成本。
		4.2.3	安全防护功能产品及配件	10	5	5	10	10	易 原因说明： 北京市地方标准《民用建筑节能门窗工程技术标准》DB11/T 1028—2021 规定门窗在特定部位使用时，应使用安全玻璃。
		4.2.4	地面或路面的防滑措施	10	10	10	10	10	易 原因说明： 1. 依据行业标准《建筑地面工程防滑技术规程》JGJ/T 331—2014 中 3.0.3 条要求“建筑地面防滑安全等级应分为四级。室外地面、室内潮湿地面、坡道及踏步防滑值应符合表 3.0.3-1 的规定；室内干态地面静摩擦系数应符合表 3.0.3-2 的规定”； 2. 综合技术实施难度、增量成本等，本条款整体判定难度为“易”。

续表

项目类别		条文号	评分指标	满分分值	满足基本政策标准规定应得分数		满足一星级建议最低得分		评分情况说明
					居建	公建	居建	公建	
评分项	Ⅰ安全（53分）	4.2.5	人车分流、步行和自行车道照明设计	8	8	8	8	8	易 原因说明： 1. 满足基本政策标准规定应得分数，依据行业标准《城市道路照明设计标准》CJJ 45—2015 中 3.5.1 条“主要供行人和非机动车使用的道路的照明标准值应符合表 3.5.1-1 的规定，眩光限值应符合表 3.5.1-2 的规定”； 2. 综合技术实施难度、增量成本等，本条款整体判定难度为“易”。
	Ⅱ耐久（47分）	4.2.6	建筑适变性	18	0	0	0	0	中 原因说明： 《北京市装配式建筑评价标准》DB11/T 1831—2021 中有相关措施，建筑设计中可以选择。
		4.2.7	提升建筑部品部件耐久性	10	0	0	0	0	中 原因说明： 相关机电专业的标准中有推荐采用，现有项目有一定的应用。
		4.2.8	提高建筑结构材料耐久性	10	0	0	0	0	难 原因说明： 相关标准规范未给出要求，已建项目较少采用，且增量成本较高。
		4.2.9	耐久性好、易维护的装饰装修材料	9	0	0	0	0	中 原因说明： 相关标准规范未给出要求，实际项目有部分采用，实施难度中等。

注：在判定“满足基本政策标准规定应得分数”的同时，填写“评分情况说明”，按下列三种情况对每一条款进行说明：
1. 国家和北京市现行相关政策和强制标准要求的，或其他标准中用“应”表达强制程度的技术要求，为“易”；
2. 国家和北京市现行相关标准中用“宜”表达强制程度的技术要求、技术实施增量成本较适中，为“中”；
3. 技术实施难、增量成本较高的为“难”。

评价条款

4.1 控制项

4.1.1 场地应避开滑坡、泥石流等地质危险地段，易发生洪涝地区应有可靠的防洪涝基础设施；场地应无危险化学品、易燃易爆危险源的威胁，应无电磁辐射、含氡土壤的危害。

【评价要点】

评价专业	评价要点	建议提交材料及要求
规划、建筑	1. 审阅环境影响评价书（或表），了解场地是否有洪涝、滑坡、泥石流等自然灾害威胁；是否有危险化学品、易燃易爆等危险源；是否存在电磁辐射等危害，对于以下地段，需重点审阅： （1）对位于市及各区地质灾害防治规划中提及的地质灾害严重或多发区的地段，审阅地质灾害危险性评估报告、措施要求、评估结论； （2）对处在国家标准《建筑抗震设计规范》GB 50011 明确的建筑抗震不利和危险地段，审阅地震安全性评价报告、措施要求、评估结论； （3）对可能涉及危险化学品、易燃易爆危险品危险源、电磁辐射、土壤氡污染等地段，审阅土壤氡浓度检测报告、污染场地检测报告等相关检测报告或论证报告（根据《中国土壤氡概况》的相关划分，对于整体处于土壤氡含量低背景、中背景的区域，且工程场地所在地点不存在地质断裂构	1. 环境影响评价书（或表）； 2. 地质灾害危险性评估报告（位于市及各区地质灾害防治规划中提及的地质灾害严重或多发区的地段提供）：包含场地稳定性及场地工程建设适应性评定等内容； 3. 地震安全性评价报告（处在建筑抗震不利和危险地段的项目提供）； 4. 相关检测报告或论证报告（涉及危险化学品、易燃易爆危险品危险源、电磁辐射、土壤氡污染等地段提供）； 5. 工程地质勘察报告：包含场地地质状况、地质风险、防洪要求、抗震防灾要求等； 6. 建筑专业竣工图-总平面图：明确场地及周边是否有通信、电力设施； 7. 建筑专业竣工图-设计说明：明确场地内自然条件，有无滑坡、泥石流、洪涝等潜在威胁；如有，明确避让潜在危险源的措施。对于存在土壤氡含量超标风险的地段，

续表

评价专业	评价要点	建议提交材料及要求
规划、建筑	造的项目，可不提供土壤氡浓度检测报告），判断相关污染是否满足要求； 2. 审阅工程地质勘察报告、建筑总平面竣工图、建筑专业竣工图设计说明，判断项目防洪工程设计和建设是否满足所在地防洪标准要求； 3. 审阅工程地质勘察报告、结构竣工图设计说明，明确项目选址是否符合城市抗震防灾的有关要求，核查竣工图设计说明提及的避让及采取的措施实际落实情况； 4. 审阅工程地质勘察报告、建筑总平面竣工图、建筑专业竣工图设计说明，核查化学品、易燃易爆危险品、电磁等相关污染源、危险源的安全避让防护距离或治理措施的合理性； 5. 审阅环境影响评价书（或表）、电气专业竣工图设计说明，项目选址是否符合电磁辐射防护的有关要求。对不在《电磁环境控制限值》GB 8702 豁免范围内的电力设施，审核是否满足与建筑之间的最小净空距离要求。	明确场地开挖时应进行土壤氡浓度检测，且土壤中氡浓度的控制应符合现行国家标准《民用建筑工程室内环境污染控制标准》GB 50325 的有关规定； 8. 结构专业竣工图-设计说明：明确场地是否为建筑抗震不利及危险地段；如是，需明确如何避让及采取的措施； 9. 结构专业竣工图-落实设计说明涉及措施的相关图纸； 10. 电气专业竣工图-设计说明：明确项目场地周围有无电力或通信相关设施，如有电信设施应明确电压等级，如有通信设施应明确频率及辐射功率，电气设计说明应明确其电磁辐射满足《电磁环境控制限值》GB 8702 的相关规定。

【实施要点】

严格执行项目上位规划文件的要求。根据环境影响评价书（表），明确用地本身及周边潜在的危险源。对于地质灾害、洪涝灾害应采取合理的工程措施；对于其他危险源，应进行专门的检测，根据检测结果采取相应的措施，并根据《防洪标准》GB 50201、《城市防洪工程设计规范》GB/T 50805、《电磁环境控制限值》GB 8702、《民用建筑工程室内环境污染控制标准》GB 50325 等相关标准要求，进行再次检测，出具正式检测报告。

4.1.2 建筑结构应满足承载力和建筑使用功能要求。建筑外墙、屋面、门窗、幕墙及外保温等围护结构应满足安全、耐久和防护的要求。

【评价要点】

评价专业	评价要点	建议提交材料及要求
结构、建材	1. 审阅结构主要设计参数是否满足要求，应至少包括建筑使用功能、结构的安全等级、设计使用年限、抗震设防类别、地震作用及风荷载、环境影响等内容； 2. 审阅结构主要计算结果是否满足要求，包括基础在内的承重体系或构件的承载力计算结果，变形、裂缝宽度及舒适度等验算结果； 3. 审阅建筑外墙、屋面、门窗、幕墙及外保温系统等围护结构的主要设计参数：设计使用年限、选用的材料或产品及防护性能等是否满足要求； 4. 审阅幕墙承载力及变形设计结果是否满足要求（如有幕墙）； 5. 审阅围护结构与主体结构的连接做法是否满足要求； 6. 审阅结构及围护结构主要材料或者构件、部件的检测报告是否满足要求； 7. 投入使用的项目，审阅建筑结构与围护结构后期运营管理制度及查验记录与维修记录是否满足要求。	1. 结构专业竣工图-全套竣工图：包括塔冠（如有）、钢结构（如有）图及其涂装体系设计； 2. 结构计算书：包含结构设计计算参数、构件截面尺寸或几何参数、荷载取值、主要计算或验算结果； 3. 建筑专业竣工图-全套竣工图：注明围护结构的主要参数、防护性能，包括平面及立面布置、大样图； 4. 幕墙深化设计图（如有幕墙）； 5. 结构专业竣工图及建筑专业竣工图：围护结构与主体结构连接方式的大样图及说明； 6. 结构及围护结构安全、耐久、防护性能相关的检测报告； 7. 涉及内容的竣工验收文件； 8. 投入使用的项目，需提供使用过程管理与维护记录。

【实施要点】

1. 设计阶段：

合理确定建筑结构的设计使用年限及可靠度，结构上的各种作用符合规范及使用功能的要求，选取满足承载力计算及耐久性要求的建筑结构材料，整体结构及其各结构构件或部件、连接节点的设计满足承载能力、正常使用和耐久性的计算或验算及规范要求。

合理确定各围护结构的设计使用年限及可靠度，合理确定围护结构上的各种作用和环境影响，选取满足承载力计算及耐久性、防护要求的围护结构产品，围护结构及其与主体结构构件的连接应满足计算及规范要求。

2. 施工阶段：

对建筑结构及围护结构所采用的材料及施工、制作过程应进行质量控制，并按国家现行有关标准的规定进行验收。

3. 运行阶段：

按设计规定的用途使用，并组织管理，对结构和围护结构的状况进行检查及必要的维护和维修。

4.1.3　外遮阳系统、太阳能设施、空调室外机位、外墙花池等外部设施应与建筑主体结构统一设计、施工，并应具备安装、检修与维护条件。

【评价要点】

评价专业	评价要点	建议提交材料及要求
结构、建筑	1. 审阅外部设施的布置图及设计说明是否满足要求； 2. 审阅结构设计的荷载条件与外部设施相关的参数是否相符； 3. 审阅外部设施与主体结构的连接节点大样图是否满足要求； 4. 投入使用的项目，尚应审阅外部设施相关管理与维修记录。	1. 建筑专业竣工图-外部设施的布置图及设计说明； 2. 外部设施专业竣工图：应包括外部设施的布置图及其重量、使用荷载、动力特性等相关产品参数，与主体结构连接的节点大样图； 3. 结构专业竣工图-外部设施相关的结构布置图、连接节点大样图； 4. 涉及内容的竣工验收文件； 5. 投入使用的项目，需提供外部设施相关的查验记录与维修记录等。

【实施要点】

1. 设计阶段：

（1）外部设施与建筑主体结构统一设计，建筑、结构施工图中，注明预留孔洞的位置、大小，给出各外部设施所需主要固定件的位置、编号和详图。

（2）外部设施必须二次施工时，提前确定外部设施的设计参数，提供设计方案。在建筑、结构施工图中，注明预留孔洞的位置、大小，给出预埋件的位置、详图。

（3）设计时考虑设计使用年限内各设施设备的正常检修和维护，并提供条件，如：用于检修屋面设备设施的出入口或人孔、便于安装维修人员由室内出入安装或更换室外空调机的检修门或开启扇、与结构主体稳定连接的检修通道、马道和吊篮固定端等。

2. 施工阶段：

对外部设施的施工、安装过程进行质量控制，并按国家现行有关标准的规定进行验收。

3. 运行阶段：

检查外部设施及相关主体结构的状况，检查连接是否牢靠，进行必要的维护和维修。

4.1.4 建筑内部的非结构构件、设备及附属设施等应连接牢固并能适应主体结构变形。

【评价要点】

评价专业	评价要点	建议提交材料及要求
结构	1. 审阅非结构构件、设备及附属设施等相关的连接节点大样图或连接做法的设计说明是否满足要求； 2. 审阅相关连接节点的计算参数及结果是否满足承载力、变形及耐久性要求； 3. 审阅各连接件、配件、预埋件的材料及力学性能等是否满足要求； 4. 投入使用的项目，尚应审阅非结构构件、设备及附属设施相关的管理与维修记录。	1. 结构专业竣工图-相关连接节点大样图或设计说明； 2. 建筑专业竣工图-相关连接节点大样图或设计说明； 3. 设备及附属设施相关的专业竣工图：应包含设备及附属设施的布置、重量、动力特性等相关产品参数，包含与主体结构的连接节点大样图； 4. 相关连接节点计算书：应与连接节点大样图对应； 5. 连接件、配件、预埋件的材料及力学性能等检测检验报告； 6. 涉及内容的竣工验收文件； 7. 投入使用的项目，还需提供非结构构件、设备及附属设施相关的管理与维修记录。

【实施要点】

1. 设计阶段：

非结构构件、设备及附属设施等与建筑主体结构统一设计，建筑、结构施工图中，注明预留孔洞的位置、大小，给出各外部设施所需主要固定件的位置、编号和详图；建筑、结构施工图与设备、电气、装修施工图之间无矛盾。

2. 施工阶段：

对非结构构件、设备及附属设施等的施工、安装过程进行质量控制，并按国家现行有关标准的规定进行验收。

3. 运行阶段：

检查非结构构件、设备及附属设施等及其相关主体结构的状况，检查连接是否牢靠，进行必要的维护和维修。

4.1.5　建筑外门窗必须安装牢固，其抗风压性能和水密性能应符合国家现行有关标准的规定。

【评价要点】

评价专业	评价要点	建议提交材料及要求
建筑	1. 审阅建筑外门窗的施工工法说明和构造设计图纸，判断外门窗在构件连接、与围护结构连接、自身刚度、承载力和一定的变位能力方面，是否满足相关标准要求； 2. 审阅外门窗性能检测报告中外门窗水密性、抗风压性能是否符合《建筑幕墙、门窗通用技术条件》GB/T 31433 等标准中的相关规定。	1. 建筑专业竣工图-施工工法说明：明确外门窗在构件连接、与围护结构连接、自身刚度、承载力和一定的变位能力等方面的施工做法； 2. 建筑专业竣工图-相关构造设计图：明确外门窗构件连接、与围护结构连接的构造做法； 3. 外门窗性能检测报告：明确见证取样检测的窗（或门）构件参数及其水密性、抗风压性能等实验室或现场检测验证结果。

【实施要点】

设计时，明确门窗应达到的刚度、承载力和一定的变位能力要求。在施工工法说明文件中，体现门窗构件之间的连接及门窗四周与围护结构之间的连接，同时要求产品供应商提供满足相关标准要求的门窗性能（含玻璃）检测报告，在验收过程中对门窗工程质量有疑义时，进行现场检测并出具相应的现场检测报告。

4.1.6 卫生间、浴室的地面应设置防水层，墙面、顶棚应设置防潮层。

【评价要点】

评价专业	评价要点	建议提交材料及要求
建筑	1. 审阅建筑卫生间、浴室等的防水、防潮构造做法，确保防水层和防潮层设计符合现行行业标准《住宅室内防水工程技术规范》JGJ 298 的规定。 2. 审阅防水和防潮材料产品说明书、检测报告等，确保所采用材料满足相关标准要求。	1. 建筑专业竣工图-卫生间、浴室设计图：明确卫生间、浴室的实施构造与防水防渗做法。 2. 防水和防潮措施说明及防水验收证明：包含相关材料产品说明书、检测报告等。

【实施要点】

卫生间、浴室设计满足《住宅室内防水工程技术规范》JGJ 298 的规定，验收时收集整理好相应的产品说明书及检测报告，运营阶段进行必要的维护和维修。

4.1.7 走廊、疏散通道等通行空间应满足紧急疏散、应急救护等要求，且应保持畅通。

【评价要点】

评价专业	评价要点	建议提交材料及要求
建筑、电气	1. 审阅建筑走廊、疏散通道等通行空间竣工图纸，是否满足紧急疏散、应急救护等要求； 2. 审阅建筑日常维护规定，确认是否提出了相应确保通行空间不被挤占的措施要求，以及日常核查情况记录。	1. 建筑专业竣工图-相关平面图、剖面图、大样图：标明所有走廊、疏散通道等通行空间的净宽，以及有高差部位的坡道坡度等实际情况； 2. 建筑日常维护相关管理规定及日常记录：明确保证走廊、疏散通道等通行空间保持畅通的规定，及日常核查情况记录。

【实施要点】

走廊、疏散通道等通行空间设计均满足现行国家标准《建筑设计防火规范（2018 年版）》GB 50016、《防灾避难场所设计规范》GB 51143 等对安全疏散和避难、应急交通的相关要求，包括通行宽度（净宽）、有高差部位的坡道坡度等。

实施过程中应明确相关管理规定并建立定期核查制度。

4.1.8　应具有安全防护的警示和引导标识系统。

【评价要点】

评价专业	评价要点	建议提交材料及要求
建筑	审阅相关图纸和影像材料，判断建筑室外和室内标识和安全警示系统（包括导向标识和定位标识等）的分类、设置位置与内容、字体色彩大小选型等是否满足数量、位置、醒目、可辨识等要求。	1. 建筑专业竣工图-标识系统设计与设置说明：明确实际实施中建筑室外和室内标识和安全警示系统（包括导向标识和定位标识等）的分类、设置位置与内容、字体色彩大小选型等信息； 2. 相关影像材料：包括显著、醒目的安全警示标志、安全引导指示标志等的具体形式、设置位置的现场照片。

【实施要点】

根据《安全标志及其使用导则》GB 2894、《公共建筑标识系统技术规范》GB/T 51223、《应急导向系统 设置原则与要求》GB/T 23809 等标准的要求，在场地及建筑公共场所和其他有必要提醒人们注意安全的场所显著位置上设置具有安全防护的、显著的、醒目的警示和引导标识系统，确保建筑安全使用。

实施过程中应明确相关标识管理规定并建立定期维护制度。

4.2　评分项

Ⅰ　安　全

4.2.1　采用基于性能的抗震设计并合理提高建筑的抗震性能，评价分值为 10 分。

【评价要点】

评价专业	评价要点	建议提交材料及要求
结构	1. 审阅结构抗震设计是否采用基于性能的抗震设计； 2. 审阅结构抗震性能目标是否合理提高。	1. 建筑结构抗震性能分析报告：应包含建筑结构抗震性能水准、抗震性能目标的合理性论证、各构件的预期震后性能状况评估、抗震性能设计采用的分析方法、主要计算分析结果及结果分析、针对可能的薄弱部位采取的抗震加强措施等；其中提高的抗震性能应注明； 2. 结构专业竣工图-结构设计总说明：应体现建筑结构抗震性能水准、抗震性能目标、各构件的预期震后性能状况； 3. 结构设计计算书：应包含结构地震设计参数及主要计算结果； 4. 采用隔震或消能减震设计时，还需提交隔震或消能减震计算书，提交隔震装置或消能减震部件与结构连接大样图、检查及替换措施、检测检验报告。

【实施要点】

基于性能的抗震设计可参考现行相关标准如《建筑抗震设计规范》GB 50011、《高层建筑混凝土结构技术规程》JGJ 3、《钢结构设计标准》GB 50017 等的规定进行，并结合项目具体情况。可重点考虑以下几方面：

（1）根据结构方案的实际情况，对整体结构、局部部位或者关键构件及节点选用适宜的结构抗震性能目标，并合理提高结构的抗震性能；

（2）进行深入的弹性和弹塑性计算分析（静力分析及时程分析）并判断计算结果的合理性；

（3）分析结构有可能出现的薄弱部位以及需要加强的关键部位，提出有针对性的抗震加强措施；

（4）必要时进行构件、节点或整体模型的抗震试验；

（5）可采取设置隔震支座、消能减震支撑、阻尼器等措施减少地震作用。

4.2.2　采取保障人员安全的防护措施，评价总分值为15分，并按下列规则分别评分并累计：

1　采取措施提高阳台、外窗、窗台、防护栏杆等安全防护水平，得5分；

2　建筑物出入口均设外墙饰面、门窗玻璃意外脱落的防护措施，并与人员通行区域的遮阳、遮风或挡雨措施结合，得5分；

3　利用场地或景观形成可降低坠物风险的缓冲区、隔离带，得5分。

【评价要点】

评价专业	评价要点	建议提交材料及要求
建筑	1. 审阅阳台、外窗、窗台、防护栏杆等的防护水平是否满足安全要求并采取合理措施提高； 2. 审阅建筑出入口安全防护措施是否满足要求； 3. 审阅建筑物周边的室外场地是否具备缓冲区、隔离带的作用。	1. 建筑专业竣工图-平面图、立面图及墙身大样图：应体现阳台、外窗、窗台、防护栏杆的位置、尺寸、构造，体现建筑出入口防护措施及其尺寸、构造； 2. 建筑总平面竣工图：应标明建筑室外周边场地或景观的布置、尺寸。

【实施要点】

建筑设计时加强阳台、外窗、窗台、防护栏杆等防护构件的设计要求，提高防护水平；建筑物出入口增加外墙饰面、门窗玻璃意外脱落的防护措施（如雨篷或遮阳板，雨篷挑出长度不小于1m）；在建筑物周边设护栏、缓冲区、隔离带等措施，降低坠物风险。

施工过程落实安全防护措施，并在运营阶段进行必要的维护和维修。

4.2.3　采用具有安全防护功能的产品或配件，评价总分值为10分，并按下列规则分别评分并累计：

1　采用具有安全防护功能的玻璃，得5分；

2　采用具备防夹功能的门窗，得5分。

【评价要点】

评价专业	评价要点	建议提交材料及要求
建筑、结构	1. 审阅门窗、幕墙等玻璃的设计参数，判断玻璃是否具有安全防护功能；	1. 建筑专业竣工图-平面图、立面图、门窗表、设计总说明：应包含门窗、玻璃设计参数及布置；

续表

评价专业	评价要点	建议提交材料及要求
建筑、结构	2. 审阅安全玻璃的规格、尺寸及检验报告，判断是否满足抗人体冲击的强度要求； 3. 审阅门窗是否具备防夹功能。	2. 玻璃抗冲击性能检验报告； 3. 门窗或其他相关产品或配件针对安全防护功能的检测检验报告； 4. 竣工验收合格证明：门窗、玻璃相关部位的竣工验收合格证明。

【实施要点】

设计时参照《民用建筑设计统一标准》GB 50352、《民用建筑节能门窗工程技术标准》DB11/T 1028 等的相关规定，采用具有安全防护功能的产品或配件，包括但不限于玻璃、门窗。

实施过程中保证安装施工质量，对防护性能进行检测验证，并在运行阶段进行必要的维护和维修。

4.2.4　室内外地面或路面设置防滑措施，评价总分值为 10 分，并按下列规则分别评分并累计：

1　建筑出入口及平台、公共走廊、电梯门厅、厨房、浴室、卫生间等设置防滑措施，防滑等级不低于现行行业标准《建筑地面工程防滑技术规程》JGJ/T 331 规定的 B_d、B_w 级，得 3 分；

2　建筑室内外活动场所采用防滑地面，防滑等级达到现行行业标准《建筑地面工程防滑技术规程》JGJ/T 331 规定的 A_d、A_w 级，得 4 分；

3　建筑坡道、楼梯踏步防滑等级达到现行行业标准《建筑地面工程防滑技术规程》JGJ/T 331 规定的 A_d、A_w 级或按水平地面等级提高一级，并采用防滑条等防滑构造技术措施，得 3 分。

【评价要点】

评价专业	评价要点	建议提交材料及要求
建筑	1. 审阅建筑出入口及平台、公共走廊、电梯门厅、厨房、浴室、卫生间等防滑部位的防滑措施是否满足要求；	1. 建筑专业竣工图-建筑设计说明：明确防滑设计部位、防滑设计规范依据及防滑安全等级要求；

续表

评价专业	评价要点	建议提交材料及要求
建筑、结构	2. 审阅建筑室内外活动场所是否采用防滑地面，防滑等级是否满足要求； 3. 审阅建筑坡道、楼梯踏步防滑等级是否满足要求； 4. 审阅建筑材料做法是否满足防滑等级要求； 5. 审阅相关检测报告的防滑性能是否满足要求； 6. 对于第 2 款，如果没有室内外活动空间即不得分。	2. 建筑专业竣工图-总平面图和各层平面图、有防滑要求房间平面图； 3. 建筑专业竣工图-室外活动空间铺地（如有）、坡道、楼梯大样图：注明防滑构造做法； 4. 建筑专业竣工图-建筑材料做法表：注明防滑构造做法及达到的防滑等级要求； 5. 防滑材料有关检测检验报告。

【实施要点】

设计时可参照《建筑地面工程防滑技术规程》JGJ/T 331 的相关规定，在设计文件中明确具体的防滑设计部位、防滑技术措施、防滑构造和防滑安全等级要求等内容。

实施过程中根据设计要求采购合格的防滑地面材料，对防滑性能要求进行检测验证。

4.2.5　采取人车分流措施，且步行和自行车交通系统有充足照明，评价分值为 8 分。

【评价要点】

评价专业	评价要点	建议提交材料及要求
电气、规划	1. 审阅相关竣工图，判断项目道路系统的规划和设计是否满足人车分流要求； 2. 审阅项目电气设计在人行道、非机动车道照明设计方面是否满足相关照度要求。	1. 建筑专业竣工图-人车分流专篇：明确人行道路网和机动车道路网的体系规划和路面宽度等内容； 2. 建筑专业竣工图-总平面图：明确人行与车行道路位置，且能实现场地内的人车分流； 3. 电气专业竣工图：应明确场地内人行道、非机动车道的照明设计满足行业标准《城市道路照明设计标准》CJJ 45-2015 中表 3.5.1-1 的要求，同时包括不同道路类型的供行人和非机动车使用的道路照明灯具安装设置情况。

【实施要点】

进行完善的人行道路网络设计。通过合理的灯具设置和选择，确保以人行道、非机动车道的路面平均照度、路面最小照度和垂直照度为评价指标，其照明标准值满足且不低于现行行业标准《城市道路照明设计标准》CJJ 45 的要求。

实施过程中明确道路照明系统的日常管理（包括照度测试与核查、灯具维护等内容）规定。

Ⅱ 耐 久

4.2.6 采取提升建筑适变性的措施，评价总分值为 18 分，并按下列规则分别评分并累计：

1 采取通用开放、灵活可变的使用空间设计，或采取建筑使用功能可变措施，得 7 分；

2 建筑结构与建筑设备管线分离，得 7 分；

3 采用与建筑功能和空间变化相适应的设备设施布置方式或控制方式，得 4 分。

【评价要点】

评价专业	评价要点	建议提交材料及要求
建筑、结构、机电	1. 审阅使用空间是否采取通用开放、灵活可变的设计； 2. 审阅建筑结构是否与建筑设备采用管线分离的方式； 3. 审阅是否采用与建筑功能和空间变化相适应的设备设施布置方式或控制方式； 4. 审阅管线分离比例计算书。	1. 建筑专业竣工图-建筑设计总说明、各层平面图：明确提升建筑适变性的空间设计方法或措施，明确外围护结构和公共管井与建筑设备采用管线分离； 2. 结构专业竣工图-结构设计总说明、各层平面图：明确主体结构与建筑设备采用管线分离； 3. 装修专业图-各层平面图：明确家具、电器与隔墙相结合，满足不同分隔空间的使用需求； 4. 机电专业竣工图-各层平面图：明确采用智能控制手段，实现设备设施的升降、移动、隐藏等功能，满足某一空间的多样化使用需求； 5. 管线分离比例计算书：管线分离比例应大于 70%。

【实施要点】

设计时采取提升建筑适变性的措施，在设计文件中明确具体的建筑适变性措施（如明确楼面活荷载取值高于《工程结构通用规范》GB 55001-2021 第 4.2.2 条表 4.2.2 中规定值的 20%，且不少于 0.5kN/m²），进行管线分离比例计算。

实施过程中根据设计要求实施提升建筑适变性的措施。

4.2.7　采取提升建筑部品部件耐久性的措施，评价总分值为 10 分，并按下列规则分别评分并累计：

1　使用耐腐蚀、抗老化、耐久性能好的管材、管线、管件，得 5 分；

2　活动配件选用长寿命产品，并考虑部品组合的同寿命性；不同使用寿命的部品组合时，采用便于分别拆换、更新和升级的构造，得 5 分。

【评价要点】

评价专业	评价要点	建议提交材料及要求
建筑、结构、建材	1. 审阅给水排水、电气是否使用耐腐蚀、抗老化、耐久性能好的管材、管线、管件； 2. 审阅门窗、遮阳产品、水嘴、阀门、五金配件是否选用长寿命产品，并考虑部品组合的同寿命性； 3. 审阅产品说明书或检测报告是否满足要求； 4. 审阅不同使用寿命的部品组合时，是否采用便于分别拆换、更新和升级的构造。	1. 给水排水专业竣工图-给水排水设计说明：明确管材、管线、管件的耐久性要求；电气专业竣工图-电气设计说明：明确管材、管线、管件的耐久性要求；明确水嘴、阀门寿命达到长寿命要求； 2. 建筑专业竣工图-建筑设计说明：明确门窗、遮阳产品的长寿命要求；明确各部品的寿命，不同使用寿命的部品组合时采用便于分别拆换、更新和升级的构造做法； 3. 长寿命产品有关产品说明书或检测报告，满足长寿命产品要求。

【实施要点】

设计时，建筑专业在建筑设计说明中明确门窗、遮阳产品的长寿命要求，以及不同使用寿命的部品组合时，采用便于分别拆换、更新和升级的构造做法；给水排水和电气专业在设计说明中明确管材、管线、管件的耐腐蚀、抗老化、耐久性要求（如给水排水专业明确管材、管线、管件采用满足《建筑给水排水设计标准》GB 50015 中要求的不锈钢管、铜管、塑料管道），水嘴、阀门寿命达到长寿命产品要求。

实施过程中根据设计要求采购长寿命的门窗、遮阳产品，以及耐腐蚀、抗老化、耐久性能好的给水排水专业和电气专业的管材、管线、管件，并提供相应的产品说明书或检测检验报告。此外，按设计要求实施便于分别拆换、更新和升级的构造做法。

4.2.8 提高建筑结构与材料的耐久性，评价总分值为 10 分，并按下列规则评分：

1 按 100 年进行耐久性设计，得 10 分。

2 采用耐久性能好的建筑结构材料，满足下列条件之一，得 10 分：

1）对于混凝土构件，提高钢筋保护层厚度或采用高耐久混凝土；

2）对于钢构件，采用耐候结构钢或耐候型防腐涂料；

3）对于木构件，采用防腐木材、耐久木材或耐久木制品。

【评价要点】

评价专业	评价要点	建议提交材料及要求
结构、建材	1. 审阅结构是否按 100 年进行耐久性设计； 2. 审阅混凝土结构是否提高钢筋保护层厚度或采用高耐久混凝土； 3. 审阅钢结构是否采用耐候结构钢或耐候型防腐涂料； 4. 审阅木构件是否采用防腐木材、耐久木材或耐久木制品； 5. 审阅相关检测报告或产品说明书是否满足要求； 6. 对于采用多种类型构件的建筑，审阅材料用量计算书。	1. 结构专业竣工图-结构设计总说明：明确结构耐久性设计年限 100 年，以及相应的结构措施； 2. 混凝土结构专业竣工图-结构设计总说明：明确提高混凝土保护层厚度值，或采用高耐久混凝土的要求； 3. 钢结构专业竣工图-结构设计总说明：明确采用耐候结构钢或耐候型防腐涂料； 4. 木结构专业竣工图-结构设计总说明：明确采用防腐木材、耐久木材或耐久木制品； 5. 高耐久性结构材料检测报告或产品说明书； 6. 材料用量计算书、材料决算清单（采用多种类型构件的建筑提供）。

【实施要点】

结构设计时，按 100 年进行耐久性设计，或采用耐久性能好的建筑结构材料（如明确提高混凝土保护层厚度值不小于 5mm 等）。实施过程中根据设计要求采购合格的建筑结构材料，对耐久性能好的建筑结构材料进行检测或提供产品说明书验证。

4.2.9 合理采用耐久性好、易维护的装饰装修建筑材料，评价总分值为 9 分，并按下列规则分别评分并累计：

1 采用耐久性好的外饰面材料，得 3 分；

2　采用耐久性好的防水和密封材料，得 3 分；

3　采用耐久性好、易维护的室内装饰装修材料，得 3 分。

【评价要点】

评价专业	评价要点	建议提交材料及要求
结构、建材	1. 审阅是否采用耐久性好的外饰面材料； 2. 审阅是否采用耐久性好的防水和密封材料； 3. 审阅是否采用耐久性好、易维护的室内装饰装修材料； 4. 审阅相关检测报告或产品说明书是否满足要求。	1. 建筑专业竣工图-建筑设计说明：明确涂料饰面材料的耐久性做法； 2. 建筑专业竣工图-建筑设计说明：明确防水和密封材料的耐久性要求； 3. 装修专业竣工图-装修设计说明：明确内墙涂料和陶瓷地砖的耐久性要求，室内免装饰面层的做法； 4. 耐久性好的装饰装修建筑材料检测报告或产品说明书； 5. 材料决算清单。

【实施要点】

设计时，在设计文件中明确涂料饰面材料、防水和密封材料、内墙涂料和陶瓷地砖的耐久性要求及做法，以及室内免装饰面层的做法。

实施过程中根据设计要求采购合格的涂料饰面材料、防水和密封材料、内墙涂料和陶瓷地砖，并提供相应的产品说明书或检测报告。

5 健康舒适

概　　述

I 评价内容和特点

绿色建筑正从关注节能环保向回归人本、关注人居环境的健康和福祉转变。本章通过构建“空气品质、水质、声环境、光环境、室内热湿环境”五个要素，对人体健康及舒适性能进行衡量，旨在创建一个健康宜居的室内环境，增进建筑使用者对绿色建筑的体验感和获得感。

本章条款总数为20条，其中控制项9条，评分项11条，章节总得分为100分。控制项涉及室内污染物控制及禁烟控制、给水排水系统设置、室内噪声控制、建筑构件隔声性能、室内照明环境、热环境设计参数、围护结构热工性能、供暖空调末端可调、地下车库CO联动控制等相关要求，必须满足。评分项包括室内污染物浓度优化控制、装饰装修材料选择、水质控制、储水设施卫生要求、给水排水管道标识设置、室内噪声高标准控制、建筑构件隔声性能优化、天然光利用、热舒适评价、自然通风优化、可调节遮阳设施设置等方面的评价内容。

Ⅱ　评分指标体系

评分指标体系表

项目类别		条文号	评分指标	满分分值	满足基本政策标准规定应得分数		满足一星级建议最低得分		评分情况说明
					居建	公建	居建	公建	
评分项	Ⅰ室内空气品质（20分）	5.2.1	降低室内污染物浓度	12	3	3	3	3	难 原因说明： 本条在控制项第5.1.1条基础上进行提升，且按照不同提升程度分档得分，参考标准为现行国家标准《室内空气质量标准》GB/T 18883。北京市暂没有与本条要求相关的强制性要求，为达到本条要求需要进行室内污染物浓度的设计和评估，故本条整体难度为“难”。
		5.2.2	选用绿色产品评价标准的装饰装修材料	8	0	0	0	0	难 原因说明： 需要对材料选用专门提出较高要求。
	Ⅱ水质（25分）	5.2.3	直饮水、生活热水等水质要求	8	8	8	8	8	易 原因说明： 1. 满足国家标准《建筑给水排水设计标准》GB 50015-2019第3.3.1条、3.3.2条、3.10.1条、3.11.1条、3.12.1条均对各类用水水质提出要求，“应”。 2. 行业标准《生活热水水质标准》CJ/T 521对集中生活热水提出水质要求，“应”。
		5.2.4	储水设施卫生要求	9	9	9	9	9	易 原因说明： 1. 满足国家标准《建筑给水排水设计标准》GB 50015-2019中3.3.18条生活饮用水水池（箱）的构造和配管，应符合下列规定，“应”。 2. 本款第1条需要采用成品水箱；第2款为国家标准要求，且对成本影响较小，主要是设计做法的优化。综合技术实施难度、较低增量成本（成品水箱）等，本条整体判定难度为“易”。

续表

项目类别		条文号	评分指标	满分分值	满足基本政策标准规定应得分数		满足一星级建议最低得分		评分情况说明
					居建	公建	居建	公建	
评分项	Ⅱ水质（25 分）	5.2.5	给水排水管道、设备、设施永久性标识设置	8	0	0	8	8	中 原因说明： 1. 国家标准仅对中水相关标识设置做出规定。国家标准《建筑中水设计标准》GB 50336-2018 中水管道应采取防止误接、误用、误饮的措施，“应”。 2. 本款要求所有管道、设备、设施设置明确清晰的永久标识，涉及设计、总包、建设方、物业等多个单位协作，综合技术实施难度、增量成本（永久标识）等，本条整体判定难度为“中”。
评分项	Ⅲ声环境与光环境（30 分）	5.2.6	优化室内声环境	8	0	0	0	0	易 原因说明： 1. 室内噪声级达到国家标准《民用建筑隔声设计规范》GB 50118-2010 中关于各类建筑允许噪声级的低限标准值和高要求标准限值的平均值，得 4 分，达到高要求标准限值，得 8 分。 2. 北京目前对于住宅建筑和公共建筑场地周边的交通噪声和场地内设备的环境噪声要求严格，通过植被、隔声墙充分减少交通噪声影响，通过合理布局设备间、增加隔振垫层等充分减少设备噪声干扰，此途径可将室外原始噪声值降至较低。同时，外围护结构的构件在组合隔声效果上，都能满足较高水准，综合技术实施难度、增量成本（如外门窗缝隙隔声条等）、应用现状等，本条整体判定难度为“易”。

续表

项目类别		条文号	评分指标	满分分值	满足基本政策标准规定应得分数		满足一星级建议最低得分		评分情况说明
					居建	公建	居建	公建	
评分项	Ⅲ声环境与光环境（30分）	5.2.7	提高隔声要求	10	0	0	0	0	中 原因说明： 1. 构件及相邻房间之间的空气声隔声性能，以及楼板的撞击声隔声性能，达到国家标准《民用建筑隔声设计规范》GB 50118-2010中关于各类建筑允许噪声级的低限标准值和高要求标准限值的平均值，得5分，达到高要求标准限值，得10分。 2. 北京市目前住宅建筑和公共建筑所选内部构件（隔墙、分户墙、楼板等）做法，多数可满足本条对应的平均值要求，但达到高标准要求的做法在使用中并不普遍。综合技术实施难度、增量成本、应用现状等，本条整体判定难度为“中”。
		5.2.8	充分利用天然光	12	0	0	3	3	易 原因说明： 需要查看实测数据，考虑北京市建筑特点，根据以往项目经验，本条文整体判定难度为“易”。
	Ⅳ室内热湿环境（25分）	5.2.9	室内热湿环境	8	4	4	5	5	中 原因说明： 本条强调建筑室内热湿环境的整体舒适性评价，强调以人为本，需要结合人员活动状态和衣着状态进行室内热湿环境的合理设计，且不仅要求气流组织设计合理，也要求运行调控策略得当。建筑投入使用后，需要在典型季节（包括采用自然通风过渡季）对建筑主要功能房间的整体热湿环境进行持续两周实测，考虑实施难度，判断难度为“中”。

续表

项目类别		条文号	评分指标	满分分值	满足基本政策标准规定应得分数		满足一星级建议最低得分		评分情况说明
					居建	公建	居建	公建	
评分项	Ⅳ室内热湿环境（25分）	5.2.10	改善室内自然通风	8	5	0	5	0	易 原因说明： 依据北京市现行地方标准《居住建筑节能设计标准》DB11/891-2020中第3.2.15条居住建筑主要房间外窗的实际可开启面积，不应小于所在房间地面面积的1/15。本条整体判定难度为“易”。
		5.2.11	可调节遮阳措施比例	9	0	0	0	0	居住建筑：难；公共建筑：中 原因说明： 1. 本条要求可调节遮阳设施的面积占外窗透明部分的比例不小于25%，才能得分。 2. 北京市现行地方标准《居住建筑节能设计标准》DB11/891-2020中3.2.8建筑遮阳设施的设置应符合下列规定： 1 东、西向主要房间外窗的透光部分应设置展开或关闭后，可以全部遮蔽窗户的活动外遮阳或中置遮阳； 因为只要求东、西向“应”，根据住宅建筑（多为条形）特点，东、西向的外窗透明部分面积达到全部外窗透明部分面积的比例一般较难满足25%的要求；而对于公共建筑，该比例满足的可能性更大，具体分析如下： 北京市地方标准《公共建筑节能设计标准》DB11/687-2015对建筑东、西向和屋面透光部分设置遮阳设施有强制规定，标准中3.1.11甲、乙类建筑应采取以下通风隔热措施： 1 东西向和屋面的透光部位应设置遮阳设施； 但公共建筑一般东西向透明外窗面积比率比住宅高；公共建筑在结构＋内反射面遮阳措施上比住宅更易于达到。 综合建筑类型特点、综合技术实施难度、增量成本、应用现状等，本条整体判定难度：针对住宅建筑为“难”，针对公共建筑为“中”。

评价条款

5.1　控制项

5.1.1　室内空气中的氨、甲醛、苯、总挥发性有机物、氡等污染物浓度应符合现行国家标准《室内空气质量标准》GB/T 18883 的有关规定。建筑室内和建筑主出入口处应禁止吸烟，并应在醒目位置设置禁烟标志。

【评价要点】

评价专业	评价要点	建议提交材料及要求
建筑、暖通空调、建筑物理	1. 审阅建筑及装修材料使用说明是否明确使用部位、种类、用量； 2. 审阅室内空气质量现场检测报告中的氨、甲醛、苯、总挥发性有机物、氡等污染物浓度是否符合规定（对于仅做公共区域装修的公共建筑，符合现行国家标准《民用建筑工程室内环境污染控制标准》GB 50325 的有关要求视为达标）； 3. 审阅建筑室内（公共建筑室内、住宅建筑内的公共区域）和主出入口处的禁止吸烟要求； 4. 审阅建筑室内（公共建筑室内、住宅建筑内的公共区域）和主出入口处禁止吸烟标志的设置情况。	1. 建筑专业竣工图-设计说明：包括建筑及装修材料使用说明，明确项目使用的各类装饰装修材料的使用部位、种类、用量等信息； 2. 室内空气质量现场检测报告：依据《室内空气质量标准》GB/T 18883（对于仅做公共区域装修的公共建筑，依据《民用建筑工程室内环境污染控制标准》GB 50325）； 3. 禁止吸烟措施说明文件：应明确公共建筑室内、住宅建筑内的公共区域、建筑主出入口的禁止吸烟要求； 4. 建筑室内（公共建筑室内、住宅建筑内的公共区域和主出入口处）禁烟标志设置的实景照片。

【实施要点】

室内空气污染物的控制应从源头上做好防控，通过污染物浓度预评估结果指导装饰装修材料的使用。在装修有关设计文件中明确装修材料使用原则，例如不得采用国家及地方禁止使用或限制使用的和对人体健康产生危害的材料及制品，所使用的装饰装修材料应符合现行相应产品的污染物限量控制标准等。

实施过程中，根据设计要求采购合格的装饰装修材料；按照本条要求制定禁止吸烟的有关措施和要求，并在建筑醒目位置设置禁烟标志。

5.1.2　应采取措施避免厨房、餐厅、打印复印室、卫生间、地下车库等区域的空气和污染物串通到其他空间；应防止厨房、卫生间的排气倒灌。

【评价要点】

评价专业	评价要点	建议提交材料及要求
建筑、暖通空调	1. 审阅厨房、餐厅、打印复印室、卫生间、地下车库等区域是否采取了空气和污染物避免串通到室内别的空间或室外活动场所的措施； 2. 住宅建筑评价时，审阅住宅内厨房和卫生间是否采取措施保证新风先进入人员的主要活动区，并防止厨房或卫生间的气味因主导风反灌进入室内，而影响室内空气质量； 3. 公共建筑评价时，审阅对于不同功能房间是否保证一定压差，避免气味散发量大的空间（比如卫生间、餐厅、地下车库等）的气味或污染物串通到室内别的空间或室外主要活动场所； 4. 卫生间、餐厅、地下车库等区域如设置机械排风，审阅其是否保证负压，取风口和排风口的位置设置是否合理，避免机械故障或造成空气污染。	1. 建筑专业竣工图-各层平面图：图中应标注出厨房、卫生间竖向排气道位置，住宅建筑选用成品排气道时，应选用有防火及防倒灌装置的；打印复印机应单独设置房间； 2. 暖通空调专业竣工图-设计说明：暖通空调设计说明中应写明卫生间、餐厅、厨房、打印复印室、清洁间、地下车库等区域的通风设计参数或原则，应能保证上述区域负压，并写明防止厨房、卫生间排气倒灌的措施；设备表中含关键设备参数； 3. 暖通空调专业竣工图-平面图：图中上述区域通风系统设置应与暖通空调设计说明一致； 4. 气流组织模拟分析报告（如有）； 5. 相关产品性能检测报告或质量合格证书。

【实施要点】

1. 住宅建筑厨房、无外窗卫生间应采用机械排风系统或预留机械排风系统开口，且应留有必要的进风面积。

2. 住宅建筑厨房和卫生间全面通风换气次数不宜小于 3 次/h。

3. 住宅建筑厨房、卫生间宜设竖向排风道，竖向排风道应具有防火、防倒灌及均匀排气的功能，并应采取防止支管回流和竖井泄漏的措施。顶部应设置防止室外风倒灌装置。

4. 公共厨房发热量大且散发大量油烟和蒸汽的厨房设备应设排气罩等局部机械排风设施；其他区域当自然通风达不到要求时，应设置机械通风。

5. 公共卫生间应设置机械排风系统。公共浴室宜设气窗；无条件设气窗时，应设独立的机械排风系统。应采取措施保证浴室、卫生间对更衣室及其他公共区域的负压。

6. 地下汽车库宜设置独立的送风、排风系统，具备自然进风条件时，可采用自然进风、机械排风的方式。其室外排风口应设于建筑下风向，且远离人员活动区并宜作消声处理。

5.1.3　给水排水系统的设置应符合下列规定：

1　生活饮用水水质应满足现行国家标准《生活饮用水卫生标准》GB 5749 的规定；

2　应制定水池、水箱等储水设施定期清洗消毒计划并实施，且生活饮用水储水设施每半年清洗消毒不应少于 1 次；

3　应使用构造内自带水封的便器，且其水封深度不应小于 50mm；

4　非传统水源管道和设备应设置明确、清晰的永久性标识。

【评价要点】

评价专业	评价要点	建议提交材料及要求
给水排水	1. 审阅本项目的水质检测报告，包含全部常规指标及北京市要求的非常规指标； 2. 审阅项目储水设施清洗消毒管理制度、储水设施清洗消毒工作记录，清洗后的水质检测合格报告，如建筑未设置储水设备，本条第 2 款直接通过； 3. 审阅便器产品说明书或型式检验报告，便器构造内自带水封且水封深度不小于 50mm； 4. 审阅非传统水源利用系统的管道和设备标识设置的说明，如项目未设置非传统水源利用系统，则本条第 4 款直接通过。	1. 本项目的水质检测报告：要求包含水源、水处理设施出水及最不利用水点。二次供水必测项目：色度、pH、浑浊度、臭和味、肉眼可见物、硫酸盐、氯化物、氨氮、亚硝酸盐氮、硝酸盐氮、挥发酚类、耗氧量、总硬度、铁、锰、铜、铅、菌落总数、总大肠菌群、耐热大肠菌群、大肠埃希氏菌； 2. 给水排水竣工图设计说明：要求包含生活饮用水水质的要求、生活饮用水储水设施每半年清洗消毒不应少于 1 次、对便器自带水封要求的说明、非传统水源的管道和设备标识设置的说明； 3. 投入使用的项目设置储水设备应提供储水设施清洗消毒管理制度、储水设施清洗消毒工作记录（含清洗委托合同、清洗后的水质检测报告）； 4. 产品说明书：自带水封便器应体现产品的型号、水封设置及其深度； 5. 非传统水源管道和设备标识设置说明：应包括系统名称、流向等。

【实施要点】

设计时要明确建筑生活饮用水水质满足现行国家标准《生活饮用水卫生标准》GB 5749 的要求，二次供水按照现行国家标准《二次供水设施卫生规范》GB 17051 的要求设置消毒措施，生活饮用水储水设施每半年清洗消毒不少于 1 次；明确建筑内非传统水源及设备的标识设置，标识应明确、清晰，且为永久性标识，标识应包含系统名称、流向等。

采购符合要求的便器产品，便器构造内自带水封且水封深度不小于 50mm，保存产品说明书或型式检验报告。

实施过程中按照现行国家标准《建筑给水排水及采暖工程施工质量验收规范》GB 50242 的要求，在交付使用前应对管道、储水设施等给水系统进行清洗、消毒及有关部门检测，且竣工阶段给水系统卫生要求应达到《北京市生活饮用水设计审查和竣工验收卫生要求》（京卫疾控字〔2003〕87 号）的相关要求；已投入使用的项目，应按照现行国家标准《生活饮用水卫生标准》GB 5749 的要求进行水质检测，保障生活饮用水水质达标。

对生活饮用水水源、水处理设施、最不利用水点的出水进行水质检测，并出具检测合格报告。检测不合格应进行整改，直至满足《生活饮用水卫生标准》GB 5749 的指标要求。水质检测指标包含全部常规指标及北京市要求的非常规指标。

建设方、施工方、物业管理单位等按要求落实管道和设备标识的安装。

运行过程中，物业管理单位按照要求制定水池、水箱等储水设施定期清洗消毒计划并实施，生活饮用水储水设施每半年清洗消毒不少于 1 次。

5.1.4 主要功能房间的室内噪声级和隔声性能应符合下列规定：

1 室内噪声级应满足现行国家标准《民用建筑隔声设计规范》GB 50118 中的低限要求；

2 外墙、隔墙、楼板和门窗的隔声性能应满足现行国家标准《民用建筑隔声设计规范》GB 50118 中的低限要求。

【评价要点】

评价专业	评价要点	建议提交材料及要求
建筑物理、建筑	1. 审阅场地内噪声源是否做降噪处理，审阅建筑内部噪声源布局合理性并是否做降噪处理； 2. 审阅建筑主要围护墙体、门窗和楼板做法是否有隔声性能要求； 3. 审阅建筑外墙空气声隔声性能等级是否满足低限要求；	1. 建筑专业竣工图-总平面图、各层平面图、建筑设计说明：明确显示场地所邻主干道、场地内和建筑内设备用房等噪声源布置及隔声降噪做法；明确显示主要功能房间位置，墙体、门窗、楼板等具体设计说明，室内噪声级要求，空气声隔声性能和楼板撞击声隔声性能等级要求；

续表

评价专业	评价要点	建议提交材料及要求
建筑物理、建筑	4. 审阅建筑外窗、门的空气声隔声性能等级是否满足低限要求； 5. 审阅住宅建筑中分户墙、分户楼板、室内卧室墙的空气声隔声性能等级是否满足低限要求；审阅公共建筑中主要功能房间之间的隔墙、楼板的空气声隔声性能是否满足低限要求； 6. 审阅建筑楼板的撞击声隔声性能等级是否满足低限要求； 7. 审阅住宅建筑中卧室、起居室（厅）的室内噪声级是否满足低限要求；审阅公共建筑中主要功能房间的室内噪声级是否满足低限要求； 8. 审阅相关检测报告中的主要构件空气声隔声性能、楼板撞击声隔声性能是否满足低限要求。	2. 建筑专业竣工图-墙体、门窗、楼板大样图，建筑材料做法表：注明具体构造做法； 3. 噪声分析报告； 4. 主要功能房间室内噪声级检测报告； 5. 主要构件隔声性能的实验室检测报告；对于住宅建筑，还需提交分户墙两侧房间隔声性能现场检测报告、楼板撞击声隔声性能的现场检测报告。

【实施要点】

设计时可参照《民用建筑隔声设计规范》GB 50118 的相关规定，在设计文件中明确具体的场地降噪措施、隔声设计部位，隔声技术措施，隔声构造做法，室内噪声、构件空气声隔声性能、楼板撞击声隔声性能等级要求等内容。

实施过程中根据设计要求严格按照围护结构做法施工；采购合格的外窗、门等围护结构成品，以及隔震垫、架空地板、隔声吊顶、降噪管道等隔声辅材；对室内噪声级、构件空气声隔声性能、楼板撞击声隔声性能要求进行检测验证。

对于住宅建筑，需要对卧室的分户楼板撞击声隔声性能进行现场检测，对分户墙两侧房间隔声性能进行现场检测。北京市地方标准《民用建筑工程室内环境污染控制规程》DB11/T 1445-2017 中 6.1.6 住宅建筑工程验收时，应进行分户墙两侧房间之间空气声隔声检测，对精装修的住宅建筑工程还应进行卧室的分户楼板撞击声隔声检测，检测结果应符合设计要求和本规程的规定。具体检测方法和数量参见上述地方标准的 6.3.8 和 6.2.13 要求。

5.1.5 建筑照明应符合下列规定：

1 照明数量和质量应符合现行国家标准《建筑照明设计标准》GB 50034 的规定；

2 人员长期停留的场所应采用符合现行国家标准《灯和灯系统的光生物安全性》GB/T 20145 规定的无危险类照明产品；

3 选用 LED 照明产品的光输出波形的波动深度应满足现行国家标准《LED 室内照明应用技术要求》GB/T 31831 的规定。

【评价要点】

评价专业	评价要点	建议提交材料及要求
电气	1. 审阅照明产品选型中的照度、眩光值、一般显色指数、照度均匀度、色温的设计值是否满足要求； 2. 审阅照明产品选型中人员长期停留的场所是否采用无危险类照明产品； 3. 审阅照明产品选型中的 LED 灯具照明频闪比是否满足要求； 4. 审阅照明产品说明书、灯具规格书及产品检测报告中的统一眩光值、一般显色指数、色温、光通量、功率、光生物安全性及 LED 灯具频闪比等参数是否满足要求； 5. 审阅照明现场检测报告中主要功能房间的照度值、照明功率密度值是否满足要求。	1. 电气专业竣工图-电气设计说明：明确照明产品的选型参数及设计值； 2. 电气专业竣工图-建筑照明功率密度计算分析报告或电气设计说明：包含各类民用建筑中的室内照度、照度均匀度、统一眩光值、一般显色指数等内容的设计值； 3. 电气专业竣工图-装修区域照明功率密度计算分析报告：包含主要功能房间的照度、照度均匀度、统一眩光值、一般显色指数等内容的设计值； 4. 产品说明书及产品型式检验报告：包含灯具显色指数、色温、光通量、功率、光生物安全性及 LED 灯具频闪比等参数； 5. 现场检测报告：包含主要功能房间照度值、照明功率密度值。

【实施要点】

设计时可依据国家标准《建筑照明设计标准》GB 50034、《灯和灯系统的光生物安全性》GB/T 20145、《LED 室内照明应用技术要求》GB/T 31831 中的相关规定，在设计文件中明确照明产品的参数选型及相关设计值。

实施过程中根据设计要求采购满足要求的照明产品，提供产品说明书及产品型式检验报告，对主要功能房间照度值、照明功率密度值进行现场检测。

5.1.6　应采取措施保障室内热环境。采用集中供暖空调系统的建筑，房间内的温度、湿度、新风量等设计参数应符合现行国家标准《民用建筑供暖通风与空气调节设计规范》GB 50736 的有关规定；采用非集中供暖空调系统的建筑，应具有保障室内热环境的措施或预留条件。

【评价要点】

评价专业	评价要点	建议提交材料及要求
暖通空调	1. 对于采用集中供暖空调系统的建筑，审阅室内温度、湿度和新风量等设计参数的说明以及参照的设计标准是否满足要求； 2. 对于未设置集中采暖空调但仍有热环境控制需求的建筑，审阅其热环境参数要求，以及设计图中是否进行了环境保障预留位置的标注，对于采用分体空调的建筑，还应审阅其室内机位置是否设计合理；	1. 暖通空调专业竣工图-设计说明：应包含采用集中供暖空调系统的建筑室内温度、湿度和新风量等设计参数的说明以及参照的设计标准； 2. 暖通空调专业竣工图-设计说明：未设置集中采暖空调但仍有热环境控制需求的建筑，应包含热环境参数设计要求，环境保障措施或预留条件的说明，并在竣工图上标注预留条件的位置； 3. 典型房间采暖、空调使用期间室内温湿度检测报告、二氧化碳浓度检测报告，其中，建筑室内温湿度检测应满足以下要求： （1）检测方法应符合现行行业标准《建筑热环境测试方法标准》JGJ/T 347 的相关要求； （2）室内温湿度检测应包含每栋建筑各主要功能房间，应选取具有代表性的典型房间进行检测；对公共建筑检测的房间数量不少于主要功能房间总数的 2%，且每类房间抽样数量不少于 3 间；对住宅建筑检测的户数不少于总户数的 2%，且每个单体建筑不少于 3 户；应分别在供暖期间和供冷期间进行测量；

续表

评价专业	评价要点	建议提交材料及要求
暖通空调	3. 投入使用的项目尚应审阅室内温湿度检测报告、室内二氧化碳浓度检测报告。	（3）测试参数应包括但不限于空气干球温度、空气相对湿度。 建筑室内二氧化碳浓度应符合现行国家标准《室内空气质量标准》GB/T 18883 的相关要求，即空调使用期间室内二氧化碳日平均值应不大于 0.1%。室内二氧化碳浓度检测应满足以下要求： （1）检测方法应符合《室内空气质量标准》GB/T 18883 附录 A 室内空气监测技术导则的要求； （2）检验方法宜采用《公共场所卫生检验方法 第 2 部分：化学污染物》GB/T 18204.2-2014 中的不分光红外线气体分析法； （3）室内二氧化碳浓度检测应包含每栋建筑各主要功能房间，应选取具有代表性的典型房间进行检测；对公共建筑检测的房间数量不少于主要功能房间总数的 2%，且每类房间抽样数量不少于 3 间；对住宅建筑检测的户数不少于总户数的 2%，且每个单体建筑不少于 3 户。

【实施要点】

设计时，根据室内功能及相关现行标准规范要求合理确定室内温度、湿度及新风量设定值。对于采用分体空调的建筑，应预留合理的室外机安装条件，卧室室内机还应尽量避免对床（人头部）的直吹。

实施时，对室内温度、湿度及 CO_2 浓度进行监测，根据运行需求适时调整运行策略。

5.1.7 围护结构热工性能应符合下列规定：

1 在室内设计温度、湿度条件下，建筑非透光围护结构内表面不得结露；

2　供暖建筑的屋面、外墙内部不应产生冷凝；

3　屋顶和外墙隔热性能应满足现行国家标准《民用建筑热工设计规范》GB 50176 的要求。

【评价要点】

评价专业	评价要点	建议提交材料及要求
建筑物理	1. 鉴于节能设计标准的要求，围护结构出现结露的可能性较低，故为简化起见，当满足北京市地方标准《公共建筑节能设计标准》DB11/687、北京市地方标准《居住建筑节能设计标准》DB11/891 中平均传热系数的要求，或采用建筑构造通用图集、北京市地方标准《公共建筑节能设计标准》配套图集 PT-687 和北京市地方标准《居住建筑节能设计标准》配套图集 PT-891 等图集中的做法，可直接判定满足本条第 1 款要求；当不符合以上要求时，需对热桥部位的围护结构进行结露验算；审阅建筑围护结构的结露验算是否满足现行国家标准《民用建筑热工设计规范》GB 50176 的要求； 2. 审阅供暖建筑的外墙、屋面内部冷凝验算是否符合现行国家标准《民用建筑热工设计规范》GB 50176 的要求； 3. 审阅屋顶和外墙隔热性能验算是否满足《民用建筑热工设计规范》GB 50176 的要求。如完全按照建筑构造通用图集、北京市地方标准《公共建筑节能设计标准》配套图集 PT-687 和北京市地方标准《居住建筑节能设计标准》配套图集 PT-891 等图集进行设计，可判定满足本条第 3 款要求。	1. 建筑节能设计专篇及节能计算书：应写明外围护结构各部位构造做法及平均传热系数； 2. 建筑专业竣工图-墙身详图：应包含外墙出挑构件及附墙部件（如阳台、室外平台、雨罩、空调室外机搁板、附壁柱、凸窗、装饰线等）均应采取隔断热桥和保温措施；外窗外侧的四周墙面应进行保温处理； 3. 建筑专业竣工图-设计说明：应注明外窗（门）框与墙体之间的缝隙，采用高效保温材料填堵，不得采用普通水泥砂浆补缝；变型缝内应填满保温材料或采取其他保温措施； 4. 建筑围护结构防结露验算计算书、建筑围护结构隔热性能验算计算书、建筑围护结构内部冷凝验算计算书：应确保建筑构造与计算报告的一致性。

【实施要点】

设计时，对于第 1 款和第 3 款，可完全按照建筑构造通用图集、北京市地方标准《公共建筑节能设计标准》配套图集 PT-687 和北京市地方标准《居住建筑节能设计标准》配套图集 PT-891 等图集中的做法。如不符合以上要求时，第 1 款应对热桥部位进行结露验算，验算不合格的部位，应通过加强保温的技术措施进行补正，第 3 款应进行隔热性能验算，当验算不合格时，可增加屋面绝热材料的厚度或设置通风空气层，空气层厚度不宜小于 0.1m。

对于第 2 款，应对建筑屋面和外墙进行内部冷凝验算。屋面和外墙构造材料的蒸汽渗透系数应在《民用建筑热工设计规范》GB 50176-2016 表 B.1“常用建筑材料热物理性能计算参数”中选取。当选取不到时，应从该种材料的国家、行业、地方或企业标准中取值，冷凝验算中不能缺失或随意设定。为避免屋面和外墙内部产生冷凝，对于采用松散多孔保温材料的多层复合围护结构，可考虑在水蒸气分压高的一侧设置隔汽层；对于有采暖、空调功能的建筑，可按采暖建筑围护结构设置隔汽层。对于卷材防水屋面或松散多孔保温材料的金属夹芯围护结构，需采取与室外空气相通的排湿措施。对于非透光建筑幕墙面板背后的保温材料要采取隔汽措施，隔汽层布置在保温材料的高温侧（室内侧），隔汽密封空间的周边要密封严密。施工时，应严格按照设计要求，加强对细部节点的处理，避免出现热桥，造成结露隐患。对于外侧有密实保护层或防水层的多层复合围护结构，经内部冷凝受潮验算而必需设置隔汽层时，要严格控制保温层的施工湿度。外侧有卷材或其他密闭防水层，内侧为钢筋混凝土屋面板的屋面结构，经内部冷凝受潮验算不需设隔汽层时，要确保屋面板及其接缝的密实性，使蒸汽渗透阻达到要求。

5.1.8 主要功能房间应具有现场独立控制的热环境调节装置。

【评价要点】

评价专业	评价要点	建议提交材料及要求
暖通空调	1. 供暖空调末端设有独立开启装置，温度、风速可独立调节； 2. 对于公共建筑，要求所有主要功能房间分室可调；对于居住建筑，满足分户可调即可； 3. 项目仅设置多联机、分体空调等装置可直接判定达标。	1. 暖通空调专业竣工图-设计说明：应包含供暖空调系统末端形式和调节方式的说明； 2. 暖通空调专业竣工图-采暖平面图、空调平面图：应体现主要功能房间的供暖空调系统末端形式及控制方式； 3. 空调、采暖装置产品说明书和合格证书。

【实施要点】

设计时，对于采用集中供暖空调系统的建筑，应根据房间、区域功能和所采用的系统形式的不同分别设置室温自动调节装置。对于未采用集中供暖空调系统的建筑，应设置满足个性化热舒适需求的可独立控制的热环境调节装置，包括多联机、分体空调、吊扇、散热器以及其他各种个性化舒适装置等。

5.1.9 地下车库应设置与排风设备联动的一氧化碳浓度监测装置。

【评价要点】

评价专业	评价要点	建议提交材料及要求
电气、暖通空调	1. 审阅一氧化碳监控系统是否满足与排风设备联动，超过一定的量值时需报警，并立刻启动排风系统的要求； 2. 对于未设置地下车库的项目，直接通过。	1. 暖通空调专业竣工图-暖通通风空调设计说明：包含地下车库通风系统设计、与排风机联动的一氧化碳浓度设定限值及控制原理说明； 2. 暖通空调专业竣工图-地下车库通风平面图、系统图：地下车库通风系统设计； 3. 电气专业竣工图-电气智能化设计说明：一氧化碳检测装置设置区域及数量、一氧化碳浓度设定限值及控制原理说明，且与暖通空调设计说明、地下车库通风平面图及建筑智能化竣工图一致； 4. 电气专业竣工图-建筑智能化图：一氧化碳与排风机联动监控原理图、监控点表数、智能化平面图；一氧化碳检测装置设置的位置、系统联动原理、监控点数，且与暖通空调设计说明、地下车库通风平面图及建筑智能化设计说明一致； 5. 已投入运行的项目设置地下车库，应提供地下车库通风系统运行记录。

【实施要点】

一氧化碳所设定的量值设计时可参考《工作场所有害因素职业接触限值 第1部分：化学有害因素》GBZ 2.1-2007［一氧化碳的时间加权平均容许浓度（8h工作日、40h工作周）不高于20mg/m^3，短时间（15min）接触容许浓度不高于30mg/m^3］等相关标准的规定。

5.2 评分项

Ⅰ 室内空气品质

5.2.1 控制室内主要空气污染物的浓度，评价总分值为12分，并按下列规则分别评分并累计：

1 氨、甲醛、苯、总挥发性有机物、氡等污染物浓度低于现行国家标准《室内空气质量标准》GB/T 18883规定限值的10%，得3分；低于20%，得6分；

2　室内 $PM_{2.5}$ 年均浓度不高于 25μg/m³，且室内 PM_{10} 年均浓度不高于 50μg/m³，得 6 分。

【评价要点】

评价专业	评价要点	建议提交材料及要求
建筑、暖通空调、建筑物理	第 1 款： 1. 审阅建筑及装修材料使用说明是否明确使用部位、种类、用量； 2. 审阅室内空气质量现场检测报告中的氨、甲醛、苯、总挥发性有机物、氡等污染物浓度是否符合规定。 第 2 款： 1. 对于尚未投入使用或投入使用未满一年的项目，审阅 $PM_{2.5}$ 和 PM_{10} 浓度预评估分析报告中的年均浓度是否符合规定； 2. 对于投入使用满一年的项目，审阅 $PM_{2.5}$ 和 PM_{10} 浓度的原始监测数据，并审阅 $PM_{2.5}$ 和 PM_{10} 浓度计算报告中年均浓度是否符合规定。	第 1 款： 1. 建筑专业竣工图-设计说明：包含建筑及装修材料使用说明，明确项目使用的各类装饰装修材料的使用部位； 2. 工程决算材料清单：包含所用各类装饰装修材料的种类及数量； 3. 室内空气质量现场检测报告。 第 2 款： 1. 暖通空调专业竣工图-设计说明：写明室内 $PM_{2.5}$ 和 PM_{10} 浓度控制的技术措施，空气净化设备 $PM_{2.5}$ 和 PM_{10} 的过滤效率（若有），并与计算报告一致； 2. 暖通空调专业竣工图-暖通空调设备表：写明空气净化设备对于 $PM_{2.5}$ 和 PM_{10} 的过滤效率（若有），并与设计说明一致； 3. $PM_{2.5}$ 和 PM_{10} 浓度预评估分析报告：写明浓度预评估计算依据和方法，$PM_{2.5}$ 和 PM_{10} 浓度控制技术措施、有关设备及性能应与设计文件一致，提供浓度预评估使用的计算数据； 4. 投入使用的项目应提供 $PM_{2.5}$ 和 PM_{10} 浓度计算报告，并附 $PM_{2.5}$ 和 PM_{10} 浓度原始监测数据：写明颗粒物浓度监测传感设备放置情况以及数据监测情况。

【实施要点】

第 1 款，参见本指南第 5.1.1 条。

第 2 款，室内颗粒物控制可根据实际情况采取多种实施策略，包括但不限于：提高建筑围护结构的气密性能，降低室外颗粒物向室内的穿透力；为厨房等颗粒物散发源房间设置可关闭的门；对具有集中通风空调系统的建筑，对通风系统及空气净化装置进行合理设计和选型，并使室内具有一定的正压；对于无集中通风空调的建筑，可采用空气净化器或户式新风系统控制室内的颗粒物浓度。

5.2.2　选用的装饰装修材料满足国家现行绿色产品评价标准中对有害物质限量的要求，评价总分值为 8 分。选用满足要求的装饰装修材料达到 3 类及以上，得 5 分；达到 5 类及以上，得 8 分。

【评价要点】

评价专业	评价要点	建议提交材料及要求
结构、建材	1. 审查项目中是否有采用满足国家现行绿色产品评价标准中对有害物质限量要求的装饰装修材料的证明材料； 2. 每类符合要求的装饰装修材料的用量占同类材料用量的比重。	1. 装修专业竣工图及设计说明：需明确应用绿色产品的部位； 2. 工程决算材料清单：需明确所用绿色产品的种类及数量； 3. 相关绿色产品有害物质检验报告。

【实施要点】

应尽可能选用有害物质符合国家现行绿色产品评价标准的装饰装修材料，设计时在图纸中注明对装饰装修材料有害物质符合国家现行绿色产品评价标准的相关要求；施工时采购满足设计要求的装饰装修材料，宜采购有绿色产品认证证书的产品。

Ⅱ　水　质

5.2.3　直饮水、集中生活热水、游泳池水、采暖空调系统用水、景观水体等的水质满足国家现行有关标准的要求，评价分值为 8 分。

【评价要点】

评价专业	评价要点	建议提交材料及要求
给水排水	1. 审阅给水排水专业竣工图设计说明，项目涉及的各类用水是否提出了水质标准要求；	1. 给水排水专业竣工图设计说明：明确本项目各类用水的水质标准要求，及其水质处理、保障措施；

续表

评价专业	评价要点	建议提交材料及要求
给水排水	2. 审阅水处理设备设施竣工图：应包含水处理方式、水质指标要求和系统控制方式。若未设置水处理设备设施，无需提供相关图纸；若采用分散式末端直饮水器，提供产品说明书或型式检验报告； 3. 审阅水质检测报告； 4. 如项目中除生活饮用水供水系统外，未设置其他供水系统时，本条可直接得分。	2. 水处理设备设施竣工图：包含水处理方式、水质指标要求和系统控制方式； 3. 若采用分散式末端直饮水器，提供产品说明书或型式检验报告； 4. 各类用水的水质检测报告：报告取样点至少应包含水源（市政供水、自备井水等）、水处理设施出水口及最不利用水点。

【实施要点】

设计单位在设计时应明确各类供水系统需满足的国家现行有关标准要求。

施工过程中按照现行国家标准《建筑给水排水及采暖工程施工质量验收规范》GB 50242 的要求进行管道、储水设施的清洗和消毒。

若采用分散式末端直饮水器，应保存产品说明书或型式检验报告。

对条文中提及的各类供水系统进行水质检测（采用市政再生水时，可使用同一水源邻近项目一年以内的水质检测报告代替），其水质满足国家现行有关标准的要求。报告取样点至少应包含水源（市政供水、自备井水等）、水处理设施出水口及最不利用水点。

5.2.4　生活饮用水水池、水箱等储水设施采取措施满足卫生要求，评价总分值为 9 分，并按下列规则分别评分并累计：

1 使用符合国家现行有关标准要求的成品水箱，得 4 分；

2 采取保证储水不变质的措施，得 5 分。

【评价要点】

评价专业	评价要点	建议提交材料及要求
给水排水	1. 审阅给水排水专业竣工图设计说明，是否采用了符合国家现行有关标准要求的成品水箱；	1. 给水排水专业竣工图设计说明：主要设备材料表中明确水箱的规格、材质及是否成品水箱、是否分格设置；

续表

评价专业	评价要点	建议提交材料及要求
给水排水	2. 审阅给水排水专业竣工图，生活饮用水储水设施详图中是否采取了保证储水不变质措施； 3. 审阅储水设施设备材料采购清单或进场记录、产品说明书； 4. 如建筑未设置生活饮用水储水设施，本条可直接得分。	2. 给水排水专业竣工图：生活饮用水储水设施详图中明确采取的保证储水不变质措施，如：储水设施分格、进出水管两端远离设置避免“死水区”、储水设施的检查口（人孔）应加锁，溢流管、通气管口应采取防止生物进入的措施； 3. 储水设施设备材料采购清单或进场记录、产品说明书； 4. 生活饮用水储水设施清洗消毒后的水质检测报告。

【实施要点】

设计单位在设计时应明确水池、水箱的设置采用符合现行国家标准《二次供水设施卫生规范》GB 17051 要求的成品水箱，在主要设备材料表中明确水箱的规格、材质和是否分格设置；生活饮用水储水设施详图中明确采取的保证储水不变质措施。

采购成品水箱，保存其采购清单或进场记录、产品说明书。

投入使用前生活饮用水储水设施应提交清洗消毒记录，及清洗消毒后的水质检测报告。

5.2.5　所有给水排水管道、设备、设施设置明确、清晰的永久性标识，评价总分值为 8 分。

【评价要点】

评价专业	评价要点	建议提交材料及要求
给水排水	1. 审阅给水排水专业竣工图设计说明，是否明确了所有给水排水管道、设备、设施的永久性标识设置要求； 2. 审阅各类给水排水管道、设备和实施的标识设置说明。	1. 给水排水专业竣工图设计说明：明确各类给水排水管道、设备和设施标识的设置要求、原则等； 2. 标识设置说明：明确各类给水排水管道、设备和设施标识设置的相关材料。

【实施要点】

设计单位在设计时应明确各类给水排水管道、设备和设施标识的设置要求、原则；

总包、物业等各方应按照要求设置管道、设备和设施标识（至少包含水处理设备设施标识、机房及主要管井内的管道标识），并进行日常维护。

“标识设置说明”中建议提供主要管井、设备设施、机房等关键部位的现场照片。

Ⅲ　声环境与光环境

5.2.6　采取措施优化主要功能房间的室内声环境，评价总分值为 8 分，噪声级达到现行国家标准《民用建筑隔声设计规范》GB 50118 中的低限标准限值和高要求标准限值的平均值，得 4 分；达到高要求标准限值，得 8 分。

【评价要点】

评价专业	评价要点	建议提交材料及要求
建筑物理、建筑	1. 审阅场地内噪声源是否做降噪处理，审阅建筑内部噪声源布局合理性并是否做降噪处理； 2. 审阅建筑主要围护墙体、门窗和楼板做法是否满足隔声要求； 3. 审阅住宅建筑中卧室、起居室（厅）的室内噪声级是否满足等级要求；审阅公共建筑中主要功能房间的室内噪声级是否满足等级要求； 4. 审阅相关检测报告中的室内噪声级是否满足等级要求。	1. 建筑专业竣工图-总平面图、各层平面图、建筑设计说明：明确显示场地所邻主干道、场地内和建筑内设备用房等噪声源布置，隔声降噪做法；明确显示主要功能房间位置，室内噪声级要求； 2. 建筑专业竣工图-墙体、门窗、楼板大样图，建筑材料做法表：注明具体构造做法； 3. 主要功能房间的室内噪声检测报告。

【实施要点】

设计时可参照《民用建筑隔声设计规范》GB 50118 的相关规定，在设计文件中明确具体的场地降噪措施、隔声设计部位，隔声技术措施，隔声构造做法，室内噪声等级要求等内容；

实施过程中根据设计要求严格按照围护结构做法施工；采购合格的外窗、门等围护结构成品，以及隔震垫、架空地板、隔声吊顶、降噪管道等隔声辅材；对室内噪声级进行检测验证。

5.2.7　主要功能房间的隔声性能良好，评价总分值为10分，并按下列规则分别评分并累计：

1　构件及相邻房间之间的空气声隔声性能达到现行国家标准《民用建筑隔声设计规范》GB 50118中的低限标准限值和高要求标准限值的平均值，得3分；达到高要求标准限值，得5分；

2　楼板的撞击声隔声性能达到现行国家标准《民用建筑隔声设计规范》GB 50118中的低限标准限值和高要求标准限值的平均值，得3分；达到高要求标准限值，得5分。

【评价要点】

评价专业	评价要点	建议提交材料及要求
建筑物理、建筑	1. 审阅场地内噪声源是否做降噪处理，审阅建筑内部噪声源布局合理性并是否做降噪处理； 2. 审阅建筑主要围护墙体、门窗和楼板做法是否满足隔声要求； 3. 审阅建筑外墙空气声隔声性能等级是否满足等级要求； 4. 审阅建筑外窗、门的空气声隔声性能等级是否满足等级要求； 5. 审阅住宅建筑中分户墙、分户楼板、室内卧室墙的空气声隔声性能等级是否满足等级要求；审阅公共建筑中主要功能房间之间的隔墙、楼板的空气声隔声性能是否满足等级要求； 6. 审阅相邻房间之间的空气声隔声性能是否满足等级要求； 7. 审阅建筑楼板的撞击声隔声性能等级是否满足等级要求； 8. 审阅相关检测报告中的主要构件空气声隔声性能、相邻房间之间空气声隔声性能、楼板撞击声隔声性能是否满足等级要求。	1. 建筑专业竣工图-各层平面图、建筑设计说明：明确显示主要功能房间位置，墙体、门窗、楼板等具体设计说明，空气声隔声性能和楼板撞击声隔声性能等级要求； 2. 建筑专业竣工图-墙体、门窗、楼板大样图，建筑材料做法表：注明具体构造做法； 3. 主要构件隔声性能的实验室检测分析报告、楼板撞击声现场测试报告。对于住宅建筑，还需要提交分户墙两侧房间隔声性能现场检测报告。

【实施要点】

设计时可参照《民用建筑隔声设计规范》GB 50118的相关规定，在设计文件中明确具体的隔声设计部位，隔声技术措施，隔声构造做法，构件及房间之间空气声隔声性能、楼板撞击声隔声性能等级要求等内容。

实施过程中根据设计要求严格按照围护结构做法施工；采购合格的外窗、门等围护结构成品，以及隔震垫、架空地板、隔声吊顶、降噪管道等隔声辅材；对构件及房间之间空气声隔声性能、楼板撞击声隔声性能要求进行检测验证。

对于分户楼板撞击声和住宅建筑分户墙两侧房间隔声性能的现场检测要求，详见 5.1.4。

5.2.8 充分利用天然光，评价总分值为 12 分，并按下列规则分别评分并累计：

1 住宅建筑室内主要功能空间至少 60%面积比例区域，其采光照度值不低于 300lx 的小时数平均不少于 8h/d，得 9 分。

2 公共建筑按下列规则分别评分并累计：

1）内区采光系数满足采光要求的面积比例达到 60%，得 3 分；

2）地下空间平均采光系数不小于 0.5%的面积与地下室首层面积的比例达到 10%以上，得 3 分；

3）室内主要功能空间至少 60%面积比例区域的采光照度值不低于采光要求的小时数平均不少于 4h/d，得 3 分。

3 主要功能房间有眩光控制措施，得 3 分。

【评价要点】

评价专业	评价要点	建议提交材料及要求
建筑物理、建筑	1. 审阅建筑的功能布局、外窗设置、内区及地下空间采光改善、眩光控制的措施等； 2. 审阅建筑主要功能房间的动态采光计算报告是否满足要求；住宅建筑的主要功能空间包括卧室、起居室（厅）等；宿舍建筑按住宅建筑要求执行。公共建筑主要功能空间为现行国家标准《建筑采光设计标准》GB 50033 中Ⅱ级～Ⅳ级有采光标准值要求的场所，当某场所的视觉活动类型与标准中规定的场所相同或相似且未作规定时，应参照相关场所的采光标准值执行； 3. 对于公共建筑，还需审阅其内区、地下空间的采光系数计算报告或采光系数检验报告是否满足要求； 4. 审阅建筑主要功能房间的眩光指数模拟分析报告是否满足要求； 5. 对于建筑中不需要考虑天然采光的房间，如影剧院、音乐厅、藏品库、精密仪器机房、安全数据机房及手术室等，该功能空间可以不予考虑，仅对该建筑其他非特殊功能房间进行分析；	1. 建筑专业竣工图-各层平面图、立面图、剖面图及门窗表：应包含建筑的功能布局、立面形式、窗户位置、尺寸，以及防眩光、改善天然采光均匀度和地下空间采光效果的设计措施，门窗等天然采光开口、功能空间的设置及采取的防眩光措施； 2. 建筑动态采光计算报告：应包括各层主要功能房间的全年动态采光的计算分析并统计达标面积；应说明模拟软件名称及版本、模拟边界条件设定、网格设计、工作面、材料的光学参数、模拟结果、室外建筑物或构筑物情况等； 3. 建筑采光系数检测报告或建筑采光系数计算报告：其中，计算报告应包括内区、地下空间的采光计算分析并统计达标面积，应说明模拟软件名称及版本、模拟边界条件设定、网格设计、工作面、材料的光学参数、模拟结果情况等；

续表

评价专业	评价要点	建议提交材料及要求
建筑物理、建筑	6. 公共建筑中无内区，则认为满足内区采光系数的要求，直接得 3 分；公共建筑中无地下空间，则认为满足地下采光系数的要求，直接得 3 分。	4. 建筑眩光分析报告：应对室内眩光指数及眩光防治措施进行分析说明。

【实施要点】

设计时，应进行建筑采光模拟，符合现行行业标准《民用建筑绿色性能计算标准》JGJ/T 449 的相关规定。建筑内区是针对外区而言的，为简化，一般情况下外区的定义为距离建筑外围护结构 5m 范围内的区域。本款所指采光照度值为平均值。评价时，关注模拟模型是否与图纸和现场一致，参数设置是否准确，计算是否考虑了周边建筑和建筑自身的遮挡。另外，还需关注检测报告选取的检测对象是否为最不利房间。

改善建筑采光的实施要点主要包括以下几个方面：

1. 优化建筑室内采光：

（1）方案设计时确定最佳建筑朝向，充分利用被动式太阳能策略，提高自然光线射入和分布；

（2）合理布置室内空间，采取低隔断、透明隔断或室内玻璃窗，为更多的空间提供天然采光。

2. 优化公共建筑内区采光条件实施要点：

（1）优化主要功能空间布局，减小房间进深；

（2）采用反光板、采光天窗、室内高反射涂料等措施增加内区的采光条件。

3. 优化公共建筑地下采光条件实施要点：

通过下沉庭院、天窗、导光管等设计改善地下室天然采光效果。

4. 控制室内眩光指数实施要点：

（1）作业区应减少或避免阳光直射；

（2）工作人员的视觉背景不宜为窗口；

（3）可采用室内外遮挡设施；

（4）窗结构的内表面或窗周围的内墙面，宜采用浅色饰面。

Ⅳ　室内热湿环境

5.2.9　具有良好的室内热湿环境，评价总分值为8分，并按下列规则评分：

1　采用自然通风或复合通风的建筑，建筑主要功能房间室内热环境参数在适应性热舒适区域的时间比例，达到30%，得2分；每再增加10%，再得1分，最高得8分。

2　采用人工冷热源的建筑，主要功能房间达到现行国家标准《民用建筑室内热湿环境评价标准》GB/T 50785规定的室内人工冷热源热湿环境整体评价Ⅱ级的面积比例，达到60%，得5分；每再增加10%，再得1分，最高得8分。

【评价要点】

评价专业	评价要点	建议提交材料及要求
建筑物理、暖通空调	1. 审阅暖通空调专业竣工图及设计说明； 2. 对于未投入使用的项目，第1款还应审阅室内温度模拟分析报告和舒适温度预计达标比例分析报告； 3. 对于未投入使用的项目，第2款还应审阅PMV、PPD预计达标比例计算报告； 4. 对于已投入使用的项目，应以基于实测数据的达标比例分析报告替代前述各项预计达标比例计算分析报告，并附相关实测数据。	1. 暖通空调竣工图-设计说明：应包含温度、湿度和风速等设计参数的说明及参照的设计标准； 2. 室内温度模拟分析报告和舒适温度预计达标比例分析报告：在室内温度模拟分析报告中，应说明采用的计算软件，建筑物理模型，室外气象参数、通风形式，若涉及机械通风，需明确通风量； 3. PMV、PPD预计达标比例分析报告：计算时，室内干球温度、湿度、气流速度采用设计值，辐射温度可近似等同于室内干球温度； 4. 对于已投入使用的项目，基于实测数据的达标比例分析报告，并附典型房间室内温湿度、气流实测数据； 室内干球温度和湿度应选择空调季、采暖季和过渡季典型月份为期至少两周的连续测试，监测数据宜每10分钟记录一次，最大时间间隔不超过30分钟；气流速度和辐射温度采用室内运行典型工况下实测值。若项目投入以来只经历部分季节，则只选择经历季节典型月份两周的实测数据，其他未经历季节依然采用模拟计算报告； 对于公共建筑，要求以标准层为基础，标准层各类房间抽样数量不少于该类功能房间总数的2%，且每类房间抽样数量不少于3间，前厅、接待台类功能间可不少于1间；对于住宅建筑，要求抽样户数不少于总户数的2%，覆盖典型户型，且每个单体建筑不少于3户；同户型住宅，可抽检1户。

【实施要点】

第 1 款：

设计时：采用有利于促进建筑和区域内自然通风的措施，详见 5.2.10。

第 2 款：

1. 根据房间吊顶、空调区高度等，合理设置送风口的形式和数量；

2. 对主要功能房间温湿度进行实时监测，定期对室内热湿环境进行评估，对于长期未达到要求的区域，应及时进行暖通空调系统的调适。

【计算方法】

第 1 款，对于采用自然通风或复合通风的建筑，以建筑物内主要功能房间或区域为对象，计算主要功能房间或区域满足适应性热舒适区间的时间百分比，再进行面积加权评分。建筑主要功能房间室内热环境参数在适应性热舒适区域的时间比例是指建筑在使用时段，主要功能房间室内温度达到适应性舒适温度区间的小时数占建筑自然通风运行小时数的比例。适应性热舒适温度区间可根据室外月平均温度进行计算。当室内平均气流速度≤0.3m/s 时，舒适温度为下图中的阴影区间。当室内温度高于 25℃时，允许采用提高气流速度的方式来补偿室内温度的上升，即室内舒适温度上限可进一步提高，提高幅度如下表所示。若项目设有风扇等个性化送风装置，室内气流平均速度采用个性化送风装置设计风速进行计算；若没有个性化送风装置，室内气流平均速度采用 0.3m/s 以下进行分析计算。

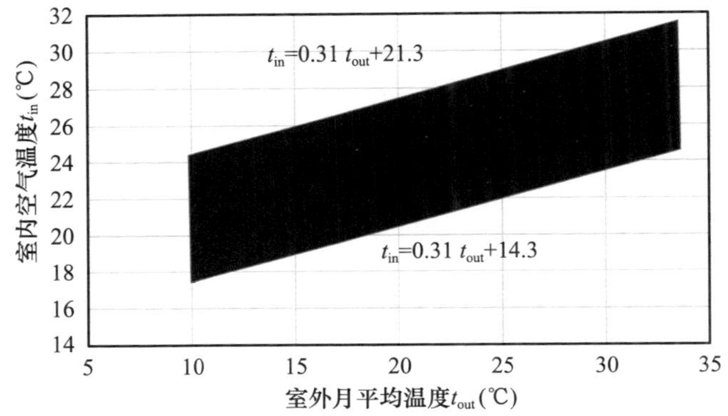

图5.2.9 自然通风或复合通风建筑室内舒适温度范围

表 5.2.9 室内平均气流速度对应的室内舒适温度上限值提高幅度

室内气流平均速度 v_a（m/s）	$0.3<v_a\leqslant0.6$	$0.6<v_a\leqslant0.9$	$0.9<v_a\leqslant1.2$
舒适温度上限提高幅度 Δt（℃）	1.2	1.8	2.2

例如，当室外月平均温度为 20℃，且 $v_a\leqslant0.3$m/s 时，室内舒适温度区间为 20.5～27.5℃，若提高室内气流平均速度，且 0.3m/s$<v_a\leqslant$0.6m/s 时，舒适温度上限可提高 1.2℃，即室内舒适温度区间为 20.5～28.7℃，若进一步提高室内气流平均速度，并且 0.6m/s$<v_a\leqslant$0.9m/s 时，舒适温度上限可提高 1.8℃，即室内舒适温度区间为 20.5～29.3℃，若再提高室内气流平均速度 v_a，并且 0.9m/s$<v_a\leqslant$1.2m/s 时，舒适温度上限可提高 2.2℃，即室内舒适温度区间为 20.5～29.7℃。

第 2 款，以建筑物内主要功能房间或区域为对象，以达标面积比例为评价依据。人工冷热源热湿环境整体评价指标应包括预计平均热感觉指标（PMV）和预计不满意者的百分数（PPD）。其中，PMV 与室内空气温度、辐射温度、相对湿度、气流速度、人体代谢率以及人员着装水平有关。PMV 和 PPD 可使用热舒适计算工具计算，也可参考国家标准《民用建筑室内热湿环境评价标准》GB/T 50785 的相关规定进行计算。人体代谢率和人员着装水平可按照国家标准《民用建筑室内热湿环境评价标准》GB/T 50785-2012 附录 B 和附录 C 查询。例如，对于典型办公室，夏季建议采用“衬裤、短袖衬衫、轻便裤子、薄短袜、鞋”的全套服装，其热阻值为 0.50clo，冬季建议采用“衬内裤、衬衫、长裤、夹克、袜、鞋”的全套服装，其热阻值为 1.0clo。考虑标准办公椅热阻为 0.1clo，则办公室人员夏季和冬季的典型套装热阻值分别为 0.6clo 和 1.1clo，对于特殊职业着装的房间，其服装热阻取值按实际设计确定。若人员在办公室的活动状态为静坐阅读，代谢率按照 1.0met 确定，若为打字，按照 1.1met 确定，若为整理文件，按照 1.2met 确定，对于人员活动状态与办公环境不同的，取值按实际设计确定。

当建筑部分时段采用自然通风或复合通风，部分时段采用人工冷热源时，采用第 1 款、第 2 款分别评分并按照过渡季、供冷季和供暖季的运行时长加权平均计算作为本条得分（即得分为：1/3×第 1 款得分＋2/3×第 2 款得分）。其中，供冷季运行时长设定为 5 月 15 日～9 月 15 日，供暖季运行时长设定为 11 月 15 日～3 月 15 日，其余时段设定为过渡季自然通风或复合通风时段。

5.2.10 优化建筑空间和平面布局，改善自然通风效果，评价总分值为 8 分，并按下列规则评分：

1 住宅建筑：通风开口面积与房间地板面积的比例达到 5%，得 5 分；每再增加 2%，再得 1 分，最高得 8 分。

2 公共建筑：过渡季典型工况下主要功能房间平均自然通风换气次数不小于 2 次/h 的面积比例达到 70%，得 5 分；每再增加 10%，再得 1 分，最高得 8 分。

【评价要点】

评价专业	评价要点	建议提交材料及要求
建筑物理、建筑	1. 审阅建筑的功能布局、外窗可开启部位及开启方式等； 2. 对于住宅建筑，审阅其外窗可开启面积比例计算书是否满足要求。考虑到住宅建筑户型和房间众多，且卫生间设置外窗难以在每种户型中都实现，因此为简化起见，主要考核卧室、起居室、书房及厨房的外窗实际可开启面积与地面面积之比；当平开门窗、悬窗、翻转窗的最大开启角度小于45°时，通风开口面积应按外窗可开启面积的1/2计算； 3. 对于公共建筑，审阅其室内自然通风模拟分析报告是否满足要求。公共建筑主要功能房间是指除走廊、核心筒、卫生间、电梯间、设备间、设备机房、储藏室、特殊功能空间等之外的主要使用空间； 4. 剧场、影剧院、音乐厅、藏品库等特殊功能的房间可提供功能分析报告，说明不可采用自然通风的原因，本条可不予考虑，仅对同建筑其他非特殊功能房间进行分析； 5. 宿舍建筑按第1款的要求执行。	第1款 1. 建筑专业竣工图-各层平面图、立面图、剖面图、门窗表及设计说明：明确外窗可开启部位、尺寸及开启方式； 2. 住宅建筑外窗实际可开启面积比例计算书：所有户型所有考核房间类型（卧室、起居室、书房及厨房）的外窗实际可开启面积、地板面积及二者比例。 第2款 1. 建筑专业竣工图-各层平面图、立面图、剖面图、门窗表及设计说明：明确外窗可开启部位、尺寸及开启方式； 2. 公共建筑室内自然通风模拟分析报告：过渡季典型工况下主要功能房间的平均自然通风换气次数不小于2次/h的面积比例，采用的模拟软件名称、版本号和运行平台、模拟工况边界条件描述、网格划分情况、气象参数选择、模拟结果等内容；具体计算过程应符合行业标准《民用建筑绿色性能计算标准》JGJ/T 449-2018规定。

【实施要点】

设计时，住宅建筑应符合北京市地方标准《居住建筑节能设计标准》DB11/891的相关规定；公共建筑若有大进深内区，或由于其他原因无法保证开窗通风面积，使得单纯依靠自然风压与热压不足以实现自然通风，需要进行自然通风优化设计或创新设计，以保证建筑在过渡季典型工况下平均自然通风换气次数大于2次/h；在设计文件中明确外窗可开启部位、尺寸及开启方式。

自然通风优化策略主要有：

1. 优化建筑布局：对于单体建筑，尽量保持建筑法线与夏季主导风向一致，建筑主要功能房间开口尽量朝向主导风迎风面，背风面则布置辅助用房，以便充分利用建筑表面风压，促进室内自然通风；对于群体建筑应根据风向投射角（风向与建筑外墙面法线的夹角）对室内风速的影响来决定合理的建筑间距，避免在建筑背风面形成较大的涡流区，以有利于后排建筑的自然通风。

2. 加大围护结构实际可开启面积；优化建筑开门、开窗形式，形成错位型或穿堂型通风路径。

3. 优化建筑开口位置：开口的相对位置对气流路线起着决定作用。进风口与出风口宜相对错开布置，可使气流在室内改变方向，使室内气流更均匀，通风效果更好。

4. 优化室内布局：避免室内家具与隔断阻断室内通风流线，室内空间布局以开放式为主；卫生间布置于室内风下风侧，避免卫生间污染空气在房间内的扩散。

5. 加强诱导通风：利用热压拔风效果，采用导风墙、拔风井、太阳能烟囱等措施，促进建筑内自然通风。

5.2.11 设置可调节遮阳设施，改善室内热舒适，评价总分值为 9 分，根据可调节遮阳设施的面积占外窗透明部分的比例按表 5.2.11 的规则评分。

表 5.2.11 可调节遮阳设施的面积占外窗透明部分比例评分规则

可调节遮阳设施的面积占外窗透明部分比例 S_z	得分
$25\% \leqslant S_z < 35\%$	3
$35\% \leqslant S_z < 45\%$	5
$45\% \leqslant S_z < 55\%$	7
$S_z \geqslant 55\%$	9

【评价要点】

评价专业	评价要点	建议提交材料及要求
建筑物理、建筑	1. 审阅是否采取了外遮阳措施，包括活动外遮阳设施、电控变色玻璃或幕墙自遮阳设施、双层幕墙中间或中空玻璃夹层内设置可调节遮阳设施中的任何一种，或是否采用了固定外遮阳加内部高反射率可调节遮阳设施，或是否采用了内遮阳设施； 2. 审阅采取的遮阳措施是否可有效控制；	1. 建筑专业竣工图-各立面图、门窗表：外窗位置、尺寸及可控遮阳部位； 2. 建筑专业竣工图-外遮阳系统设计说明：遮阳系统形式和参数； 3. 建筑专业竣工图-遮阳系统详图：遮阳系统详细的控制安装节点，遮阳系统的位置和构造；

续表

评价专业	评价要点	建议提交材料及要求
建筑物理、建筑	3. 审阅固定外遮阳角度是否起到遮阳作用，同时内部使用的漫反射材质或涂层的太阳辐射反射系数是否满足要求； 4. 审阅可调节内遮阳预留的安装部件（如窗帘盒、窗帘杆、百叶格栅挂件等）是否预留到位。	4. 遮阳系统计算分析报告：对建筑透明围护结构总面积、有太阳直射部分的面积及采取可调节遮阳措施的面积进行分项统计，并体现可控遮阳措施覆盖率的计算过程； 5. 遮阳装置产品说明书。

【实施要点】

设计时可根据建造立面造型和功能要求选择适宜的可控遮阳类型，在设计文件中明确具体的可控遮阳形式和做法、可控措施、所占比例等内容。

实施过程中根据设计要求严格按照可控遮阳做法施工；采购合格的外遮阳或中空遮阳设施成品；当采用结构固定遮阳加内部高反射涂料时，采购符合太阳反射率要求的涂料产品；当采用可调内遮阳设施时，优先选择外侧面为浅色面层的窗帘或百叶。

6 生活便利

概　　述

Ⅰ 评价内容和特点

生活便利是城市高质量发展、人民高品质生活的基本体现，也是绿色建筑建成后使用者体验感受的重要内容，直接关系到人民群众的获得感和满意度。全龄化的无障碍设计与绿色出行、优质的公共服务与公共空间、便捷的智慧运行与物业管理都是体现生活便利的重要内容。

本章条款总数为 19 条，其中控制项 6 条，评分项 13 条，章节总得分为 100 分。评价内容包含出行与无障碍、服务设施、智慧运行、物业管理四方面。其中，控制项包括连贯的无障碍步行系统、便捷可达的公共交通站点、满足无障碍汽车和电动汽车停车及充电要求的停车场所，方便使用的自行车停车场所、具备自动监控功能的建筑设备管理系统、建筑设有信息网络系统等达标评定内容。得分项中的出行与无障碍，涉及场地与公共交通站点联系的便捷度、公共区域的全龄化设计要求等评价内容；得分项中的服务设施，涉及公共服务的便利性、开敞空间的步行可达性、健身场所的亲民性等评价内容；得分项中的智慧运行，涉及自动远传计量系统（含能源管理系统）、空气质量监测系统、用水远传计量系统及水质在线监测系统、智能化服务系统等评价内容；得分项中的物业管理，涉及制定规程实施能源资源管理与激励机制、节约用水、定期评估建筑运营效果、建立绿色教育及满意度调查机制等评价内容。

Ⅱ　评分指标体系

评分指标体系表

项目类别		条文号	评分指标	满分分值	满足基本政策标准规定应得分数		满足一星级建议最低得分		评分情况说明
					居建	公建	居建	公建	
评分项	Ⅰ 出行与无障碍（16分）	6.2.1	公共交通站点联系便捷	8	0	0	2	2	难 原因说明： 1. 满足基本政策标准规定应得分数，依据国家标准要求：《城市综合交通体系规划标准》GB/T 51328-2018第9.2.2条，500m公共站点在城市建设用地面积的90%部分为“应”； 《城市居住区规划设计标准》GB 50180-2018第5.0.4条，800m轨道交通站点为“宜”，500m公交站点为“宜”；第5.0.2条，300m公交站点为“根据实际情况按需配建的项目”，无具体规定性要求。 2. 综合技术实施难度、区位差异性等，本条受制于建设项目在城市中的具体区位以及上位规划确定的道路交通系统与公共交通环境，位于中心城区或其他较为成熟、现有公共交通设施（含轨道交通）较为发达的城市建设地区，本条不难；而对于城市新建地区或城乡结合部，公共交通设施尚不完善，项目自身能改变的措施十分有限，实施有一定难度。因此，本条款整体判定难度为“难”。
		6.2.2	公共区域全龄化设计	8	3-5	3	5	5	中 原因说明： 1. 满足基本政策标准规定应得分数，依据国家标准、北京市地方标准要求：第1款无障碍设计要求，依据国家标准《无障碍设计规范》GB 50763-2012和北京市地方标准《居住区无障碍设计规程》DB11/1222-2015，本款可直接得分，实施难度“易”； 第2款公共区域圆角没有相关标准要求； 第3款设置担架电梯，相关标准条文针对12层以上住宅建筑提出“应”。 2. 综合技术实施难度、增量成本（第2款和第3款实施将增加成本）、地域差异性等，本条款整体判定难度为“中”。

续表

项目类别		条文号	评分指标	满分分值	满足基本政策标准规定应得分数		满足一星级建议最低得分		评分情况说明
					居建	公建	居建	公建	
评分项	Ⅱ 服务设施（25分）	6.2.3	公共服务设施便利	10	0	0	5	5	中 原因说明： 1. 满足基本政策标准规定应得分数，依据国家标准、北京市地方标准要求，住宅建筑：依据国家标准《城市居住区规划设计标准》GB 50180-2018，各类设施的服务半径为“宜”；本款实施难度为“中”； 公共建筑：按照北京市相关文件落实电动汽车充电桩车位数比例，可直接得分；其他内容没有相关标准政策要求。 2. 综合技术实施难度（针对公共建筑的要求需要通过场地规划设计实现，项目自身可变有限）、区位差异性（关于500m范围内有社会停车场受制于项目选址，属于上位规划确定内容）等，本条款整体判定难度为“中”。
		6.2.4	开敞空间步行可达	5	0	0	3	3	中 原因说明： 1. 满足基本政策标准规定应得分数，依据国家标准要求，第1款《城市居住区规划设计标准》GB 50180-2018提出“应”； 第2款《城市居住区规划设计标准》GB 50180-2018提出“宜”。 2. 综合技术实施难度、增量成本、区位差异等，上述开敞空间的步行可达性受制于项目所在区位，属于上位规划确定内容，项目规划设计能改善的条件较少，本条款整体判定难度为“中”。
		6.2.5	合理设置健身场地和空间	10	0	0	3	3	中 原因说明： 1. 满足基本政策标准规定应得分数，依据国家标准要求，第1、3、4款没有标准依据； 第2款《城市社区体育设施建设用地指标》提出了宽度要求，但对长度没有明确提出要求。 2. 综合技术实施难度（设置室内外健身场所）、增量成本（适宜健身的场地和空间设置）等，本条款整体判定难度为“中”。

续表

项目类别		条文号	评分指标	满分分值	满足基本政策标准规定应得分数		满足一星级建议最低得分		评分情况说明
					居建	公建	居建	公建	
评分项	Ⅲ 智慧运行（29分）	6.2.6	用能自动远传、计量及能源管理系统设置	8	8	8	8	8	易 原因说明： 住宅建筑及宿舍建筑，仅要求每个单元（或楼栋）设置可远传的计量总表；住宅小区的大型地下车库设有高基自管变配电所时，应设分项计量系统；充电干线或总箱设计量表，这些内容在电气设计中按规定执行易于实现。本条款整体判定难度为“易”。
		6.2.7	空气质量监测系统	5	5	5	5	5	易 原因说明： PM_{10}、$PM_{2.5}$、CO_2 空气质量监测按要求在场所中增加传感器，弱电智能化系统设计增加传感器模块和管线，这些内容在电气设计中按规定执行易于实现。本条款整体判定难度为“易”。
		6.2.8	用水远传计量和水质在线监测系统	7	0	0	0	0	难 原因说明： 1. 基本政策标准未对远传计量、漏损自动检测和水质在线监测提出规定或要求。 数字远传水表较易实现，增量成本适中，判定难度为“中”；水量数据的漏损自动检测、分析，需要搭建水量管理平台，增量成本较高，判定难度为“难”；水质在线监测系统，增量成本较高，判定难度为“难”。 2. 综合技术实施难度、增量成本等，本条款整体判定难度为“难”。
		6.2.9	智能化服务系统	9	3	3	3	3	中 原因说明： 第1款：具有家电控制、照明控制、安全报警、环境监测、建筑设备控制、工作生活服务等至少3种类型的服务功能，得3分，对于居建和公建易于实现； 第2、3款：具有远程监控的功能，具有接入智慧城市（城区、社区）的功能，对于后面这6分，智能化系统功能、接口、软件配置等方面增量成本有增加。本条款整体判定难度为“中”。

续表

项目类别		条文号	评分指标	满分分值	满足基本政策标准规定应得分数		满足一星级建议最低得分		评分情况说明
					居建	公建	居建	公建	
评分项	Ⅲ 智慧运行（29 分）	6.2.10	制定完善的操作规程、应急预案及能源资源管理激励机制	5	5	5	5	5	易 原因说明： 综合技术实施难度、行业现状，对于日常管理规范的物业管理机构，本条款所要求的内容较“易”实现，本条款整体判定难度为“易”。
		6.2.11	节水用水量定额	5	0	0	0	0	难 原因说明： 1. 基本政策标准未对实际平均日用水量提出规定或要求。 实际用水量跟供水设施、用水设施设备、卫生器具节水效率、物业管理水平、人员用水习惯等有关，需要各个环节的协作实现整体节约用水。 2. 综合技术实施难度、管理水平要求、行业现状，本条款整体判定难度为“难”。
		6.2.12	绿色运营效果定期评估及优化	12	5	5	5	5	中 原因说明： 1. 结合行业现状，制定绿色建筑运营效果评估的技术方案和计划较易实现，判定难度为“易”。 定期检查、调试公共设施设备及定期开展诊断评估，需要物业管理单位具备专业技术能力或聘请第三方机构进行实施，有一定技术难度和经费投入，判定难度为“中”。 建筑日常运营管理过程中，物业管理机构应对生活饮用水、直饮水、游泳池池水等各类用水水质开展定期检测和公示，技术实施难度较小，判定难度为“易”。 2. 综合技术实施难度、增量成本等，本条款整体判定难度为“中”。
		6.2.13	绿色教育宣传和实践	8	5	5	5	5	易 原因说明： 1. 本条第 1、2 款要求实施的内容从技术难度和管理水平方面较“易”实现，判定难度为“易”。 本条第 3 款涉及对使用者满意度调查出现的问题制定整改措施并实施，具有一定技术难度和经费投入，判定难度为“中”。 2. 综合技术实施难度、增量成本等，本条款整体判定难度为“易”。

注：在判定“满足基本政策标准规定应得分数”的同时，填写“评分情况说明”，按下列三种情况对每一条款进行说明：
1. 北京市强制标准或标准中用语为“应”的技术要求，为“易”；
2. 北京市相关标准中用语为“宜”的技术要求、技术实施增量成本较适中，为“中”；
3. 技术实施难、增量成本较高的为“难”。

评价条款

6.1　控制项

6.1.1　建筑、室外场地、公共绿地、城市道路相互之间应设置连贯的无障碍步行系统。

【评价要点】

评价专业	评价要点	建议提交材料及要求
规划	1. 审阅步行路线是否形成了完整的无障碍步行系统； 2. 审阅各个关键部位是否满足无障碍衔接有关要求。	1. 建筑专业竣工图与设计说明：应明确场地及建筑内无障碍设计的内容，包括建筑出入口，场地内人行通道、主要游憩场所、停车场等形成的无障碍步行系统设计情况，竖向标高情况，及无障碍坡道连接情况；应明确场地人行出入口与场地外公共绿地、城市道路绿地的无障碍步行系统衔接连贯情况； 2. 无障碍设计重点部位的实景影像资料。

【实施要点】

1. 总平面规划应做好无障碍环境的设计，在满足现行国家标准《无障碍设计规范》GB 50763 相关要求的基础上，要考虑场地出入口与周边城市道路、公共绿地之间步行路线的无障碍衔接与连贯。公共绿地依据现行国家标准《城市居住区规划设计标准》GB 50180 规定，主要指为各级生活圈配建的公园绿地和街头小广场，不包括居住街坊内的集中绿地。

2. 在室外场地设计中，应对室外场地的无障碍步行路线系统进行合理的规划，保障建筑出入口与场地内主要道路、游憩场所、附属设施之间形成连贯的步行路线，该路线应满足轮椅的无障碍通行要求。

6.1.2　场地人行出入口 500m 内应设有公共交通站点或配备联系公共交通站点的专用接驳车，乡镇区域内建筑场地周边应设有长途客运站点。

【评价要点】

评价专业	评价要点	建议提交材料及要求
规划	1. 审阅建筑场地出入口至公共交通（含轨道交通）站点步行路线及实际距离。对于场地没有围合且无明确出入口的项目，以建筑的主要出入口进行评价； 2. 乡镇区域的项目，审阅项目周边是否设有公共交通站点（含北京市各类公共交通线路的站点）； 3. 采用专用接驳车的项目，审阅专用接驳车停靠站的配置和服务情况。	1. 建筑专业竣工图与设计说明：应明确场地步行出入口位置、场地内人行交通流线、场地人行出入口到公共交通站点的步行路线及步行距离； 2. 周边公共交通站点布局示意图：应标明场地附近公共交通站点分布情况、站点的种类、线路名称和站点位置；标明场地出入口到达周边公共交通站点的步行路线和实际距离； 3. 专用接驳车有关信息：采用专用接驳车的，应标明场地与公共交通站点接驳的专用运行路线、停靠位置等信息，同时应提供专用接驳车服务实施方案； 4. 已投入使用的项目应提供公交站点或专用接驳车运行的影像资料。

【实施要点】

本条旨在为建筑使用者提供便捷的公共交通出行条件，鼓励绿色出行，以缓解城市交通压力。因此在选址时，鼓励优先考虑选择公共交通条件较好的地块进行开发建设；在场地规划设计布局时，应充分考虑场地步行出入口位置与公共交通站点联系的便捷度，兼顾方便到达。当有些项目确因地处新建地区暂未开通城市公共交通服务时，应配备专用接驳车联系公共交通站点，为建筑使用者提供便利的公共交通出行条件。

6.1.3　停车场应具有电动汽车充电设施或具备充电设施的安装条件，并应合理设置电动汽车和无障碍汽车停车位。

【评价要点】

评价专业	评价要点	建议提交材料及要求
电气	1. 审阅停车场是否具有电动汽车充电设施或具备充电设施的安装条件；	1. 建筑专业竣工图-总平面图、设计说明、平面图：应包括电动汽车停车位和无障碍停车位的设计内容；

续表

评价专业	评价要点	建议提交材料及要求
电气	2. 审阅机动车停车位数量、位置是否合理及设计的充电车位数量和无障碍车位数量是否满足规划及相关标准要求。	2. 电气专业竣工图：应体现充电设施条件、配电系统要求、布线系统要求、计量要求等设计内容； 3. 电动汽车停车位和无障碍停车位的影像资料。

【实施要点】

设计阶段，充电车位应合理设置，配建指标与实施做法应符合现行国家标准《电动汽车分散充电设施工程技术标准》GB/T 51313、北京市地方标准《电动汽车充电基础设施规划设计标准》DB11/T 1455 的规定，无障碍汽车停车位应符合现行国家标准《无障碍设计规范》GB 50763 的规定。建筑专业在设计文件中需明确充电车位配建指标和预留条件内容，分地块、分区域、分建筑设计各处停车场充电基础设施，电气专业将充电系统相关设计内容落实到具体系统图、平面图中。

实施阶段，提供电动汽车停车位和无障碍停车位重点部位的影像资料，体现电动汽车和无障碍汽车停车位设置的数量、位置。若能充分利用建筑供配电、照明、消防、安防、网络、通风与空调等系统和设备为充电车位、无障碍车位的功能安全和高效提供支撑、保障，实现多功能、多系统配合形成有机整体，则更能证明设置的合理性。

6.1.4　自行车停车场所应位置合理、方便出入。

【评价要点】

评价专业	评价要点	建议提交材料及要求
规划	1. 审阅自行车（含电动自行车）停车场所位置是否合理，出入是否方便，是否符合相关标准的要求； 2. 在地形坡度变化较大、自行车不适宜作为交通工具的地区，应审阅有关专项说明材料，经论证确实不适宜使用自行车作为交通工具，且不使用电动自行车的项目，可视为本条达标；使用电动自行车的项目，其停车场在满足位置合理、方便使用并符合有关安全规定时，方可判定达标。	1. 建筑专业竣工图与设计说明：应明确自行车（包括电动自行车）停车场所设置的位置及其交通组织、停车管理等内容；应对自行车（包括电动自行车）停车场所的设置和交通组织进行说明； 2. 在地形坡度变化较大、自行车不适宜作为交通工具的地区应提交场地地形图，并提交专项说明材料； 3. 自行车停车场所的现场影像资料。

【实施要点】

自行车停车场所应安全，规划设计应充分结合使用者对方便度的要求，结合出行路线合理布局。规划设计首先应满足现行国家标准《城市综合交通体系规划标准》GB/T 5138-2018、《城市步行和自行车交通系统规划标准》GB/T 51439-2021，北京市地方标准《电动自行车停放场所防火设计标准》DB11/1624-2019 及北京市地方标准对自行车停车场所提出的具体要求。对于设计条件中没有提出自行车停车指标的公共建筑，应结合使用需求，在适宜的位置合理设置自行车停车位。

6.1.5 建筑设备管理系统应具有自动监控管理功能。

【评价要点】

评价专业	评价要点	建议提交材料及要求
电气	1. 审阅是否设置了建筑设备管理系统，未设置的是否符合标准要求的不设置条件； 2. 审阅设置的建筑设备管理系统是否具有自动监控管理功能； 3. 审阅建筑设备管理系统的自动监控管理功能情况。	1. 电气专业竣工图-建筑设备自控系统竣工图：包括设计说明、系统图、平面图、原理图、监控点位表，应体现冷热源、供暖通风和空气调节、给水排水、供配电、照明、电梯等自控系统设计； 2. 涉及内容的竣工验收文件； 3. 对于已投入使用的项目，应提交体现自动监控管理的运行记录。

【实施要点】

设计阶段，相关专业协同完成建筑设备自控系统相关设计说明、系统图、平面图、原理图中应明确冷热源、供暖通风和空气调节、给水排水、供配电、照明、电梯等的自控系统设计内容，监控点位表应包括所监控的楼层位置、设备名称及数量、监控内容等。

实施阶段，由建筑设备监控运行相关管理人员整理和积累自控系统的竣工文件、运行记录和运行分析报告，包括自控系统设备运行情况、日常维护运行记录、系统异常情况记录、异常原因分析与总结报告等，重点要证明监控管理系统自动监控功能的实际运行情况。

6.1.6　建筑应设置信息网络系统。

【评价要点】

评价专业	评价要点	建议提交材料及要求
电气	1. 审阅建筑信息管理系统整体设置情况； 2. 审阅信息管理系统功能完备程度： 1）项目信息管理系统功能是否完备； 2）该系统是否具备以下功能：联控系统资源共享，系统功能与实际需求相符或贴近，系统运行正常，结合实际情况增加其他功能等。	1. 信息网络系统设计文件：应包括设计说明、系统图、信息网络机房主要设备、设施、配件等的型号规格及参数等； 2. 涉及内容的竣工验收文件。

【实施要点】

在设计阶段，设计说明、系统图、机房设计大样图、主要设备表等设计文件中，应清晰表达以下内容：

（1）设置的信息网络系统内容、各项功能；

（2）信息机房、设备、线路、点位、功能模块的编号；

（3）信息网络节点与终端点位设计要求具备的各项功能、性能参数；

（4）信息系统数据采集传输、统计处理等环节设计要求的记录数据格式、编码、自动统计报表项目，年度、季度、月、工作日、节假日周期报表数量、类型等内容；

（5）信息数据分析处理要求符合的标准、方法、主要公式、指标、限额、阈值范围、响应时间、准确度等。

实施阶段，应建立完备的信息化系统档案资料，对于已投入使用的项目，尚应有完备的运行记录，联控系统信息交互、资源共享、运维管理正常。

6.2　评分项

Ⅰ　出行与无障碍

6.2.1　场地与公共交通站点联系便捷，评价总分值为8分，并按下列规则分别评分并累计：

1　场地出入口到达公共交通站点的步行距离不超过500m，或到达轨道交通站的步行距离不大于800m，得2分；场地出入口到达公共交通站点的步行距离不超过300m，或到达轨道交通站的步行距离不大于500m，得4分；

2　场地出入口步行距离800m范围内设有不少于2条线路的公共交通站点，得4分。

【评价要点】

评价专业	评价要点	建议提交材料及要求
规划	1. 审阅场地周边公共交通站点和轨道交通站点的位置、场地人行出入口到达公共交通站点和轨道交通站点的步行路线和实际距离； 2. 审阅场地周边800m范围内公共交通站点线路的设置情况，该公共交通站点包括公共汽车站和轨道交通站。	1. 建筑专业竣工图与设计说明：设计说明中应明确场地周围公共交通站点和轨道交通站点的设置情况，场地人行出入口到达公共交通站点和轨道交通站点的步行路线和实际距离；明确场地人行出入口步行距离800m范围内公共交通站点的线路数量； 2. 周边公共交通站点布局示意图：应标明场地人行出入口位置到达公共交通站点、轨道交通站点的步行路线和实际距离；同一公共交通站点有不少于2条公交线路时，应提供相关证明材料； 3. 对于已投入使用的项目，还应提供公共交通站点和轨道交通站点的影像资料。

【实施要点】

场地人行出入口位置的规划设计，应尽可能兼顾靠近公共汽车站点和轨道交通站点，为建筑使用者创造便捷的公共交通出行条件。

6.2.2　建筑室内外公共区域满足全龄化设计要求，评价总分值为8分，并按下列规则分别评分并累计：

1　建筑室内公共区域、室外公共活动场地及道路均满足无障碍设计要求，得3分；

2　建筑室内公共区域的墙、柱等处的阳角均为圆角，并设有安全抓杆或扶手，得3分；

3　设有可容纳担架的无障碍电梯，得2分。

【评价要点】

评价专业	评价要点	建议提交材料及要求
建筑、规划	第 1 款 审阅建筑室内外公共空间的无障碍环境是否连贯、完整。审阅室内建筑出入口、门厅、走廊、楼梯、电梯等无障碍设计内容是否满足要求；审阅建筑主要出入口、室外人行步道、室外公共活动场地等部位的无障碍设计内容是否满足要求。 第 2 款 审阅建筑出入口、门厅、走廊、楼梯间、电梯间等室内公共区域中，墙、柱等阳角处是否采用了圆角设计，是否设置了抓杆或扶手。 第 3 款 审阅建筑内是否至少设置了 1 部可容纳担架的无障碍电梯；单层建筑本款可直接得分；二层及以上建筑如无可容纳担架的无障碍电梯，本款不得分；住宅建筑户内电梯不参与评价。	第 1 款 1. 建筑专业竣工图与设计说明：应说明室内外无障碍设计内容；图纸应体现建筑室内公共区域、主要出入口、人行通道、室外公共活动场地等部位的无障碍设计内容； 2. 景观竣工图：应体现含场地人行通道、室外绿化小径和室外公共活动场地等无障碍设计内容。 第 2 款 建筑专业竣工图与设计说明：应体现建筑主要出入口、门厅、走廊、楼梯、电梯间等室内公共区域中墙、柱等阳角处的圆角设计情况，以及抓杆或扶手的设置情况。 第 3 款 1. 建筑专业竣工图与设计说明：应明确可容纳担架的无障碍电梯的位置、尺寸及无障碍设计情况； 2. 无障碍电梯产品说明书。

【实施要点】

第 1 款，建筑室内公共区域，包括建筑出入口、门厅、走廊、楼梯间、电梯间、厕所等，应形成连续的无障碍通道；建筑室内有高差的地方，应设置满足设计要求的坡道方便轮椅出入；室外公共活动场地及道路设计应注意不同材质无障碍步行道交界处避免产生高差；应按照现行国家标准《无障碍设计规范》GB 50763 的要求对建筑室内公共区域、室外公共活动场地和道路实施无障碍设计；居住建筑还应同时满足北京市地方标准《居住区无障碍设计规程》DB11/1222 的要求。

第 2 款，在建筑出入口、门厅、走廊、楼梯、电梯等室内公共区域，当墙、柱的阳角度数≤90°时，设计中应明确对这些阳角部位进行圆角处理的要求，并结合需求合理设置安全抓杆或扶手。

第 3 款，住宅建筑的每个居住单元至少应设置 1 部可容纳担架的无障碍电梯；公共建筑的每栋楼内至少应设置 1 部可容纳担架的无障碍电梯。此外，电梯尺寸应满足相关标准规范的要求。

Ⅱ 服务设施

6.2.3 提供便利的公共服务，评价总分值为 10 分，并按下列规则评分：

1 住宅建筑，满足下列要求中的 4 项，得 5 分；满足 6 项及以上，得 10 分。

1）场地出入口到达幼儿园的步行距离不大于 300m；

2）场地出入口到达小学的步行距离不大于 500m；

3）场地出入口到达中学的步行距离不大于 1000m；

4）场地出入口到达医院的步行距离不大于 1000m；

5）场地出入口到达群众文化活动设施的步行距离不大于 800m；

6）场地出入口到达老年人日间照料设施的步行距离不大于 500m；

7）场地周边 500m 范围内具有不少于 3 种商业服务设施。

2 公共建筑，满足下列要求中的 3 项，得 5 分，满足 5 项，得 10 分。

1）建筑内至少兼容 2 种面向社会的公共服务功能；

2）建筑向社会公众提供开放的公共活动空间；

3）电动汽车充电桩的车位数占总车位数的比例不低于 10%；

4）周边 500m 范围内设有社会公共停车场（库）；

5）场地不封闭或场地内步行公共通道向社会开放。

【评价要点】

评价专业	评价要点	建议提交材料及要求
规划	第 1 款： 1. 审阅住宅建筑周边是否存在幼儿园、小学、中学、医疗卫生设施、文体活动设施、老年人日间照料设施及商业服务等公共服务设施； 2. 审阅上述设施与本项目场地出入口之间的步行路线、实际距离是否符合得分要求； 3. 对于宿舍建筑，按第 2 款进行评价。	第 1 款： 1. 建筑专业竣工图与设计说明：设计说明应明确场地内及场地周边的公共服务设施设置情况，说明幼儿园、小学、中学、医疗卫生设施、文体活动设施、老年人日间照料设施及商业服务等设施设置情况及实际距离；总平面图应标明地块红线、反映本地块与周边地块及建筑的空间相邻关系、标明地块出入口位置等；

续表

评价专业	评价要点	建议提交材料及要求
规划	第 2 款： 1. 审阅公共建筑是否兼容了相关公共服务功能、种类； 2. 审阅公共建筑是否有公共活动空间向社会公众开放，包括设置的位置、提供的面积； 3. 审阅公共建筑电动汽车充电桩的车位数与总车位数的占比； 4. 审阅公共建筑项目周边 500m 范围内是否有社会公共停车场（库）； 5. 审阅公共建筑项目的建筑场地是否封闭管理，封闭管理的，场地内是否设置了向社会公众开放的步行公共通道；全日不封闭（比如地面层架空等情况），对公共出行无影响的，本项可判定为满足要求； 6. 对于中小学、幼儿园、社会福利设施等公共服务设施，因建筑使用功能属性的特殊性，本款第 1、2、5 项可判定为满足要求。	2. 周边公共服务设施布局示意图：应标明场地周边公共服务设施的位置、使用功能或设施名称，并应标明其与场地出入口之间的步行路线、实际距离等； 3. 相关运行管理办法：投入使用的项目应明确向社会共享的有关管理办法、实施方案、使用说明、工作记录等。 第 2 款： 1. 建筑专业竣工图与设计说明：设计说明应明确公共建筑兼容的公共服务功能；公共建筑向社会公众提供开放的公共活动空间情况（位置、面积）；电动汽车充电桩的车位数与总车位数的占比；项目周边 500m 范围内社会公共停车场（库）配置情况；场地不封闭或封闭时场地内设置向社会公众开放的步行公共通道情况；图纸应标明建筑的使用功能、地块红线，公共活动空间、场地不封闭或场地内步行公共通道位置等； 2. 周边社会停车场布局示意图：应明确社会停车场与本项目的空间关系、距离等； 3. 相关运行管理办法：已投入使用的项目应明确向社会共享的有关管理办法、实施方案、使用说明、工作记录等。

【实施要点】

场地出入口位置的规划设计应符合出行需求与习惯，住宅和宿舍建筑可方便到达周边的公共服务设施，公共建筑可方便到达周边社会公共停车场（库）。

公共建筑应在设计前期整体策划项目可兼容的公共功能，增加公共活动空间的共享，策划配套辅助设施设备共享的使用方案，做到共同使用、共享服务。

规划设计应统筹安排电动汽车充电桩的车位数，并应满足设计条件的要求，同时不少于总车位数的10%。

根据周边交通组织情况和需求，应根据实际需求科学设计可向社会开放、方便公众通行的步行公共通道，增加城市步行系统的通达性，有效提高步行交通的便利程度。

6.2.4 城市绿地、广场及公共运动场所等开敞空间，步行可达，评价总分值为5分，并按下列规则分别评分并累计：

1 场地出入口到达城市公园绿地、居住区公园、广场的步行距离不大于300m，得3分；

2 场地出入口到达中型多功能运动场所的步行距离不大于500m，得2分。

【评价要点】

评价专业	评价要点	建议提交材料及要求
规划	第1款 审阅场地出入口到达城市公园绿地、居住区公园、广场的步行距离。 第2款 1. 审阅场地出入口到达中型多功能运动场所的步行距离； 2. 当住宅项目场地周边500m步行范围内有其他对外开放的专用运动场所（如学校或体育设施对外开放的运动场），或公共建筑项目场地内设置有运动场所（如学校或体育建筑场地内的操场、体育馆），且上述运动场所符合中型多功能运动场所的规模要求，本款直接得分。	1. 建筑专业竣工图与设计说明，应标明场地出入口位置； 2. 周边开敞空间布局示意图：应明确场地出入口的位置、场地周边城市公园绿地、居住区公园、广场、中型多功能运动场所的位置，场地出入口与上述开敞空间的步行路线和实际距离；项目场地内设置的运动场所，应明确其设置位置、面积规模等情况； 3. 开敞空间出入口相关影像资料。

【实施要点】

规划设计应综合考虑周边步行范围内公园绿地、居住区公园、广场、中型多功能运动场所等开敞空间的积极影响，合理设置场地出入口，有利于建筑使用者的便捷到达，积极参与文体活动、增加社会交往，提高开敞空间的使用效率。

6.2.5　合理设置健身场地和空间，评价总分值为 10 分，并按下列规则分别评分并累计：

1　室外健身场地面积不少于总用地面积的 0.5%，得 3 分；

2　设置宽度不少于 1.25m 的专用健身慢行道，健身慢行道长度不少于用地红线周长的 1/4 且不少于 100m，得 2 分；

3　室内健身空间的面积不少于地上建筑面积的 0.3%且不少于 $60m^2$，得 3 分；

4　楼梯间具有天然采光和良好的视野，且距离主入口的距离不大于 15m，得 2 分。

【评价要点】

评价专业	评价要点	建议提交材料及要求
规划	第 1 款 审阅室外健身场地面积与总用地面积占比情况，如项目本身无室外健身场地，本款不得分。 第 2 款 审阅专用健身慢行道的长度和宽度，以及长度占用地红线周长的比例。 第 3 款 审阅室内健身空间的面积及其与地上建筑面积的比例。如项目内设置了收费健身房并可向业主提供优惠使用条件的，本款可得分。 第 4 款 审阅楼梯间获得天然采光的情况、视野情况，及其与建筑主入口的距离。	1. 建筑专业竣工图-设计说明：明确室外健身场地面积及其与总用地面积占比情况；专用健身慢行道的宽度和长度，以及长度与用地红线周长的比例；室内健身空间位置和面积及其与地上建筑面积的比例；楼梯间采光和视野情况；图纸应标记室外健身场地的位置和面积，专用健身慢行道的位置、宽度和长度，场地红线周长，室内健身空间位置和面积，标明室内楼梯间开窗情况、建筑主入口与楼梯的距离； 2. 电气专业竣工图：应体现楼梯间照明系统设计。

【实施要点】

1. 应充分结合项目所在地的气候、人文和民族特点，在场地内规划设计适度规模的室外健身场地；应充分结合项目场地情况，设置长度不少于 100m，且不少于用地红线周长 1/4 的专用健身慢行道，专用健身慢行道应尽可能避免与机动车、自行车道共用，且其步道宽度不应小于 1.25m。

2. 鼓励建筑内部按比例设置健身空间，规划设计应在满足正常使用功能的前提下合理布局，并形成固定的、具有一定规模的健身区域；当项目规模较小时，室内健身空间的建筑面积不应少于 60m^2。

3. 楼梯间的设计应尽量采用自然采光和自然通风，拥有充足的照明，并能获得良好的视野，每栋建筑至少应有 1 处楼梯间具有天然采光和良好视野；同时应注意，缩短与建筑主入口的距离。

Ⅲ 智慧运行

6.2.6 设置分类、分级用能自动远传计量系统，且设置能源管理系统实现对建筑能耗的监测、数据分析和管理，评价分值为 8 分。

【评价要点】

评价专业	评价要点	建议提交材料及要求
电气	1. 审阅分类、分级用能自动远传计量系统设置情况； 2. 审阅能源管理系统的设置情况。	1. 暖通空调专业、给水排水专业、电气专业竣工图，包括设计说明与相关图纸，应体现用能系统、自动远传计量系统、能源管理系统、数据传输、存储、分析功能； 2. 产品型式检验报告； 3. 已投入使用的项目，应提交管理制度、体现本条运行监测、分析和管理的运行记录文档。要求不能只是实现自动远传采集原始数据，还需要实现分析和管理。

【实施要点】

设计阶段，相关专业协同配合，在完成供热、供水、供电等用能设备和相关系统设计的同时，同步进行自动远传计量系统图的设计，在设计说明中提炼整理建筑的分类、分级计量主要信息。分项计量的建筑能源系统，还应在设计说明中明确分项内容，其中，对于电力需要结合具体项目机电系统与主要机房的特点说明主要分项的设置情况，与低压配电系统设计同步在设计说明中归纳明确分项计量仪表分布表，格式需符合北京市地方标准《公共建筑节能设计标准》DB11/687-2015 的规定。

实施阶段，在自动远传计量系统运行过程中充分利用相关软件功能，整理、积累反映本条实现“设置能源管理系统对建筑能耗的监测、数据分析和管理”内容的运行记录。

6.2.7 设置 PM_{10}、$PM_{2.5}$、CO_2 浓度的空气质量监测系统，且具有存储至少一年的监测数据和实时显示等功能，评价分值为 5 分。

【评价要点】

评价专业	评价要点	建议提交材料及要求
电气	1. 审阅 PM_{10}、$PM_{2.5}$、CO_2 浓度的空气质量监测系统设置情况，包括设置各种监测点位的位置和数量，审阅住宅建筑和宿舍建筑每户是否设置空气质量监控系统，公共建筑主要功能房间是否设置空气质量监控系统； 2. 审阅空气质量监测功能的主要指标要求。	1. 暖通空调专业、电气专业竣工图：包括监测系统设计说明、监测点位图、监测系统图及具体功能说明； 2. 产品型式检验报告； 3. 投入使用的项目，应提交与本条监测系统运维相关的管理制度、历史监测数据、运行记录等材料。

【实施要点】

设计阶段，监测系统应按现行行业标准《公共建筑室内空气质量控制设计标准》JGJ/T 461-2019 的相关规定设置传感器。对于宴会厅、多功能厅、大型会议室等可以分隔使用的每个分隔空间，至少设 1 个监测点，采样点数量、布点方式、采样点高度应按现行国家标准《室内空气质量标准》GB/T 18883 的要求设计。监测点宜采用网线 POE 供电并传输信号，空气质量传感器数量少或无 POE 线路组网条件时，可为传感器设置电源适配器，并采用蓝牙等无线传输方式，配置监测或监控系统设备。

某些建筑中的空调设备不具备联动控制条件，可以通过监测掌握空气质量实际情况；而某些建筑具备联动控制条件的空调设备，则要求至少实现主要功能房间系统和设备实现空气质量联动控制，尤其对于存在大量人员聚集使用的场所，在可以实现联动控制时，自控调节应符合空气质量标准要求。空气质量监测系统的数据存储量，应具备保存 1 年以上运行监测数据存储分析所需的配置，并具备实时数据显示、历史数据查询显示功能。

实施阶段，PM_{10}、$PM_{2.5}$、CO_2 浓度的监测值应符合现行国家标准《室内空气质量标准》GB/T 18883 的规定。在空气质量监测系统运行过程中充分利用相关软件功能，整理、积累反映本条实现“具有存储至少一年的监测数据和实时显示等功能”内容的运行记录。

6.2.8 设置用水量远传计量系统、水质在线监测系统，评价总分值为 7 分，并按下列规则分别评分并累计：

1 设置用水量远传计量系统，能分类、分级记录、统计分析各种用水情况，得 3 分；

2 利用计量数据进行管网漏损自动检测、分析与整改，管道漏损率低于 5%，得 2 分；

3 设置水质在线监测系统，监测生活饮用水、管道直饮水、游泳池水、非传统水源、供暖空调循环水的水质指标，记录并保存水质监测结果，且能随时供用户查询，得 2 分。

【评价要点】

评价专业	评价要点	建议提交材料及要求
给水排水、电气	1. 审阅是否采用了远传水表，并明确远传水表的类型； 2. 审阅用水量远传计量系统设置情况，是否设置了水量管理系统，能够利用计量数据进行管网漏损自动检测、分析； 3. 审阅水质在线监测系统设置情况、运行管理情况。	1. 给水排水竣工图设计说明：应明确远传水表的类型，水表设置满足分类、分级计量的要求，能分类、分级记录和统计各种用水情况，不得出现无计量支路； 2. 给水排水竣工图：按照设计说明的要求，设置远传水表； 3. 给水排水竣工图、电气专业弱电竣工图-水质在线监测系统图：包含水质监测点位详图，检测的水质指标及其监测点位设置，要求满足相应供水系统及水质标准规范的要求。水质在线监测系统要求具有记录和报警功能，要求具有发布系统能随时供用户查询； 4. 水质在线系统的监测与发布系统设计说明； 5. 远传水表或水质监测设备的产品说明书或型式检验报告； 6. 已投入使用的项目应提供漏损检测管理制度（或漏损检测、分析及整改情况报告）、水质监测管理制度（或水质监测记录）等材料。

【实施要点】

设计单位在设计时明确采用远传水表，并根据水平衡测试的要求设计分级计量水表；明确设置用水量管理平台，对远传水表的数据进行管网漏损自动检测、分析；明确建筑中设有的各类供水系统均设置在线监测系统，明确检测的水质指标及其监测点位的位置，并满足相应供水系统及水质标准规范的要求；明确水质在线监测系统应有报警记录功能，其存储介质和数据库应能记录连续一年以上的运行数据，且能随时供用户查询。

运营管理单位制定物业管理制度，随时了解管道漏损情况，及时查找漏损点并进行整改；制定水质在线监测系统管理制度，记录历史监测数据并发布，且应具备用户查询机制的管理办法。运营管理单位保存用水量计量和漏损检测情况报告（可委托第三方进行水平衡测试），报告包括分级水表设置示意图、用水计量实测记录、管网漏损率计算和原因分析、整改措施及其落实情况等内容。保存水质在线监测的历史监测数据、运行记录数据。建议申报单位提供管理制度的同时，提供运行记录。

6.2.9　具有智能化服务系统，评价总分值为 9 分，并按下列规则分别评分并累计：

1　具有家电控制、照明控制、安全报警、环境监测、建筑设备控制、工作生活服务等至少 3 种类型的服务功能，得 3 分；

2　具有远程监控的功能，得 3 分；

3　具有接入智慧城市（城区、社区）的功能，得 3 分。

【评价要点】

评价专业	评价要点	建议提交材料及要求
电气	1. 审阅智能化服务系统具有的服务功能，包括：家电控制、照明控制、安全报警、环境监测、建筑设备控制、工作生活服务，以及结合实际情况增加其他智能化服务功能； 2. 审阅是否具有远程监控的功能； 3. 审阅是否具有接入智慧城市（城区、社区）的功能。	1. 智能化系统相关竣工图：包括设计说明、系统图、平面图等； 2. 涉及内容的智能化子项相关产品检验报告； 3. 对于已投入使用的项目，应提交与本条智能化服务系统相关的管理制度、历史监测数据、运行记录。

【实施要点】

设计阶段：按智能化服务系统的配置要求展开设计，在智能化设计说明、系统图中，明确表达设计为实现智能化服务所需采用的硬件配置，建筑内部及建筑园区范围设计采用哪些智能设备与设施，对应选用哪些软件，具体的智能化服务功能、智能化系统指标；明确智能化系统通过哪些硬件与软件实现远程监控功能，具有的远程监控用户和远程服务功能；系统图中明确本级设计的系统如何向上接入社区级和城区级数字化智慧平台，实现智慧城市功能。

如果在施工过程中有变更或补充接入智慧城市的做法、实施方、配合方等内容，在竣工文件或向使用方移交的相关软件中明确智能化系统二次设计实现的功能。

实施阶段，已经投入正常使用的项目，应积累智能化系统监控平台运行记录，包括记录四季照明控制、环境监测、建筑设备控制等服务功能，智能化系统运行中的典型工况、平时与节假日等各种状态与服务效果。

Ⅳ 物业管理

6.2.10 制定完善的节能、节水、节材、绿化的操作规程、应急预案，实施能源资源管理激励机制，且有效实施，评价总分值为 5 分，并按下列规则分别评分并累计：

1 相关设施具有完善的操作规程和应急预案，得 2 分；

2 物业管理机构的工作考核体系中包含节能和节水绩效考核激励机制，得 3 分。

【评价要点】

评价专业	评价要点	建议提交材料及要求
物业管理	1. 审阅节能、节水、节材、绿化的相关管理制度，包括操作规程、应急预案、操作人员的专业证书，节能、节水、节材、绿化的运维管理记录； 2. 审阅运行管理机构的工作考核体系文件（包括业绩考核办法）。	1. 节能、节水、节材、绿化的相关管理制度：应包括操作规程、应急预案、操作人员的专业证书，应急预案中应明确规定各种突发事故的处理流程、人员分工、严格的上报和记录程序，并对专业维修人员的安全有严格的保障措施，同时提供制度上墙的现场影像资料； 2. 节能、节水、节材、绿化的运维管理记录：节能节水设施设备应具有巡回检查制度、保养维护制度，并有完善的运行记录等；节材应具有详细、完整的购置和使用记录；绿化保养应具有完善的保养维护制度，并有完整的养护记录、药品的购置和使用记录； 3. 运行管理机构的工作考核体系文件：应包括节能和节水绩效考核激励机制。

【实施要点】

1. 建立节能、节水、节材、绿化相关的设施操作规程并上墙，且运维管理记录完整；

2. 建立节能、节水设施运行应急预案；

3. 物业管理机构的工作考核体系中包含能源资源管理激励机制，与租用者的合同中包含节能条款，采用合同能源管理模式，若新建建筑未实行合同能源管理，应提供运营后节能改进投入及节能效益分配的实施情况说明。

6.2.11　建筑平均日用水量满足现行国家标准《民用建筑节水设计标准》GB 50555 中节水用水定额的要求，评价总分值为 5 分，并按下列规则评分：

1　平均日用水量大于节水用水定额的平均值、不大于上限值，得 2 分；

2　平均日用水量大于节水用水定额下限值、不大于平均值，得 3 分；

3　平均日用水量不大于节水用水定额下限值，得 5 分。

【评价要点】

评价专业	评价要点	建议提交材料及要求
给水排水	1. 审阅建筑实际用水量计量报告； 2. 审阅建筑平均日用水量计算书。	1. 建筑实际用水量计量报告：应包含项目运行期间各用水部门全年逐月用水量记录、非传统水源用水量记录，包含建筑实际运行一年或一年以上的分项用水量记录；包含根据实际计量数据提出的建筑用水情况说明（包括建筑实际运行期间的实际使用人数、实际用水面积等用水单位数量的相关内容）；建筑各用水分项实际的用水单位数量必须由物业或其他建筑运营管理部门根据实际监测提出，在与设计值有差异时，应有相应的原因分析报告； 2. 建筑平均日用水量计算书：根据建筑实际运行一年平均日用水量及相应各分项实际的用水单位数量，得出建筑各用水分项实际用水基数，与现行国家标准《民用建筑节水设计标准》GB 50555 第 3.1.1 至 3.1.8 条中规定的节水用水定额进行比较。

【实施要点】

设计单位在给水系统设计时合理规划压力分区，并结合减压限流措施，避免超压出流现象的发生；按水平衡测试要求设置水表，便于运行期间对管网漏损的控制；用水器具应根据用水场合的不同，合理选用节水龙头、节水便器、节水沐浴等用水器具。所有用水器具应满足现行国家标准《节水型产品通用技术条件》GB/T 18870 及行业标准《节水型生活用水器具》CJ/T 164 的要求。

实施阶段制定完善的运行管理制度，做好建筑实测用水量计量报告；采用水平衡测试等方法对管网进行检测，做到对“跑冒滴漏”现象的及时发现，及时解决；对建筑实测用水量进行阶段性分析，掌握建筑不同阶段的实际用水情况，发掘节水潜力。

6.2.12　定期对建筑运营效果进行评估，并根据结果进行运行优化，评价总分值为 12 分，并按下列规则分别评分并累计：

1　制定绿色建筑运营效果评估的技术方案和计划，得 3 分；

2　定期检查、调适公共设施设备，具有检查、调试、运行、标定的记录，且记录完整，得 3 分；

3　定期开展节能诊断评估，并根据评估结果制定优化方案并实施，得 4 分；

4　定期对各类用水水质进行检测、公示，得 2 分。

【评价要点】

评价专业	评价要点	建议提交材料及要求
物业管理、暖通空调、给水排水	1. 审阅绿色建筑运营效果评估相关的工作制度文件； 2. 审阅公共设施设备最近一年的巡检、调试、维保、标定记录； 3. 审阅能耗管理制度、历年的能耗记录、节能诊断评估报告、优化方案； 4. 审阅水质检测管理制度、历年的水质检测记录、检测报告、整改记录及公示记录。	1. 绿色建筑运营效果评估相关的工作制度文件：应包括开展绿色建筑运营效果评估工作的责任分工、时间安排和具体流程等内容； 2. 公共设施最近一年的巡检、调试、维保、标定记录：应包括时间、巡检员和部门配合人员的签名，及发现问题后的整改情况； 3. 能耗管理制度、历年的能耗记录、节能诊断评估报告、优化方案：能耗记录数据应全面、报告应明确项目所处的节能水平及优化潜力、优化方案应明确优化目标及措施； 4. 水质检测管理制度、历年的水质检测记录、检测报告、整改及公示记录：应保证至少每季度对各类用水水质的常规指标进行 1 次检测，明确不同周期的检测内容。

【实施要点】

1. 建立绿色运营效果评估的工作制度文件，定期检查、调适公共设施设备，保存完整的检查、调试、运行、标定的记录；
2. 定期开展节能诊断评估，针对评估内容持续开展建筑运营优化；
3. 对各类用水水质进行定期检测并公示。

6.2.13 建立绿色教育宣传和实践机制，编制绿色设施使用手册，形成良好的绿色氛围，并定期开展使用者满意度调查，评价总分值为8分，并按下列规则分别评分并累计：

1 每年组织不少于2次的绿色建筑技术宣传、绿色生活引导、灾害应急演练等绿色教育宣传和实践活动，并有活动记录，得2分；

2 具有绿色生活展示、体验或交流分享的平台，并向使用者提供绿色设施使用手册，得3分；

3 每年开展1次针对建筑绿色性能的使用者满意度调查，且根据调查结果制定改进措施并实施、公示，得3分。

【评价要点】

评价专业	评价要点	建议提交材料及要求
物业管理	1. 审阅物业管理部门开展的绿色教育宣传实践活动的内容和存档记录； 2. 审阅实体或网络平台活动开展的情况，绿色设施使用手册及发放记录； 3. 审阅使用者满意度调查工作记录、年度调查报告及整改方案等。	1. 绿色教育宣传实践活动的内容和存档记录：应包括宣传内容和方式，参与人员数量、照片等； 2. 实体或网络平台活动开展情况：应包括媒体名称、报道实践、主要内容、报道链接或照片扫描件等； 3. 绿色设施使用手册及发放记录：应包括各类绿色设备设施的功能、作用及使用说明等文件； 4. 使用者满意度调查工作记录：调查内容应至少包括声环境、热舒适（采暖季和空调季至少各调查一次）、采光与照明、室内空气质量、服务设施保洁和维护、物业服务水平； 5. 年度调查报告及整改方案。

【实施要点】

1. 开展绿色教育宣传实践活动，留存相关活动记录；
2. 建立绿色生活展示、体验或交流分享平台，留存相关活动记录；
3. 编制并发放绿色设施使用手册；
4. 开展使用者满意度调查，形成调查报告，制定整改方案并实施、公示。

7 资源节约

概　　述

Ⅰ 评价内容和特点

北京市建筑节能工作走在全国前列，率先实现了居住建筑节能80%的目标，为下一步全国建筑节能工作的开展做出了重要探索，对建筑节能全产业链的更新升级起到促进作用。北京是严重缺水型城市，提高卫生器具用水效率等级、充分利用非传统水源、加强物业管理、减少管道跑冒滴漏现象，能够有效减少用水损失，对节约用水有重要意义。“海绵城市”建设对于改善城市微气候、涵养水源、降低洪涝灾害发生风险有重要意义，北京市已经提出新建项目场地年径流总量控制率达到85%以上的要求。充分利用首都有限的土地资源，通过优化建筑布局，节约集约利用土地，提高土地的使用效率、改善和美化生态环境，增强土地的生态功能、调节小气候，达到缓解城市热岛效应的作用，提升城市的宜居性是绿色建筑节地措施的重要体现。近几年，建筑工业化加速推进，绿色建材、高性能建筑材料蓬勃发展，绿色建筑鼓励采用预制装配式建筑材料、新材料、绿色建材及废弃建材的循环利用，提高建筑材料的利用效率，为达成“30、60”双碳目标做出贡献。

资源节约章节是绿色建筑“五大指标体系”中权重最高的一部分，共设置控制项10条，得分项18条，章节总得分为200分。本章条款大部分沿用了上一版标准“四节一环保”的主要条文，设置了“节地与土地利用”“节能与能源利用”“节水与水资源利用”“节材与绿色建材”四大部分，是绿色建筑全方位节约资源的集中体现。新标准条文在上一版标准基础上进行整合提升，将上一版标准中广泛应用、技术成熟、增量成本低的内容升级为控制项，提升了标准的技术要求。

Ⅱ　评分指标体系

评分指标体系表

项目类别		条文号	评分指标	满分分值	满足基本政策标准规定应得分数		满足一星级建议最低得分		评分情况说明
					居建	公建	居建	公建	
评分项	Ⅰ 节地与土地利用 （40分）	7.2.1	节约集约利用土地	20	0	8	0	8	住宅建筑难；公共建筑易 原因说明： 1. 对于住宅建筑，由于北京市户均人数按照2.45人/户计算，造成住宅项目总人数较少，不利于人均住宅用地得分，因此住宅得分难度为“难”； 2. 对于公共建筑，条文中已经按照不同类别进行了分类得分，普遍容积率可以满足得分要求，因此公建得分难度为“易”。
		7.2.2	合理开发利用地下空间	12	7	0	7	0	住宅建筑易；公共建筑中 原因说明： 1. 对于新建住宅建筑，层数多超过6层且设有地下室，地下建筑面积与地上建筑面积的比率＞20%很容易实现，因此判定本条住宅得分难度为“易”； 2. 对规模较小的公共建筑，不一定设有地下室，因此公建得分难度为“中”。
		7.2.3	合理设计停车场所	8	8	0	8	0	住宅建筑易；公共建筑中 原因说明： 1. 新建住宅建筑，《北京市居住公共服务设施配置指标》规定，住宅地面停车率按≤10%控制，直接满足本条第1款得分，因此判定得分难度为“易”； 2. 对公共建筑，只有公共图书馆等公共服务设施的建设用地指标有地面停车占地≤8%的要求，而对于某些没有地下车库的公建，本条较难得分，因此综合判定本条得分难度为“中”。

续表

项目类别		条文号	评分指标	满分分值	满足基本政策标准规定应得分数		满足一星级建议最低得分		评分情况说明
					居建	公建	居建	公建	
评分项	Ⅱ 节能与能源利用（60 分）	7.2.4	优化围护结构热工性能	15	10	0	10	0	住宅建筑易；公共建筑中 原因说明： 北京市现行地方标准《居住建筑节能设计标准》DB11/891 和《公共建筑节能设计标准》DB11/687 均在现行国家标准基础上有所提升，执行《居住建筑节能设计标准》DB11/891-2012 和《公共建筑节能设计标准》DB11/687-2015 的建筑根据模拟结果可获得对应分值，执行《居住建筑节能设计标准》DB11/891-2020 的，可以直接得 15 分。
		7.2.5	冷热源机组能效	10	5	5	5	5	中 原因说明： 机组产品标准和建筑设计标准均引导企业生产、项目采用具备更高能效比的产品，在节能补贴的支持下，实施成本已有所降低。
		7.2.6	降低暖通空调末端系统及输配系统能耗	5	5	5	5	5	中 原因说明： 本条旨在优化系统设计和产品选型，鼓励采用性能优良的风机和水泵。
		7.2.7	节能型电气设备与节能控制措施	10	8	8	8	8	中 原因说明： 1. 照明功率密度值达到目标值，LED 灯较易实现。 2. 照明产品、三相变压器、风机达到相关标准也不难实现。 3. 第二款采用光感条件人工照明偏难。
		7.2.8	降低建筑能耗措施	10	0	0	0	0	中 原因说明： 本条旨在提高建筑的整体节能水平，由于北京市建筑节能设计标准较高，难度相对下降。

续表

项目类别		条文号	评分指标	满分分值	满足基本政策标准规定应得分数		满足一星级建议最低得分		评分情况说明
					居建	公建	居建	公建	
评分项	Ⅱ 节能与 能源利用 （60分）	7.2.9	可再生能源利用	10	0	0	0	0	中 原因说明： 住宅项目使用太阳能热水较易得分，小型公建采用光伏较易得分，大型公建得分较难。
	Ⅲ 节水与 水资源利用 （50分）	7.2.10	卫生器具用水效率	15	0	0	0	0	中 原因说明： 一星级要求所有节水器具用水效率等级达到3级，本条不得分；二、三星级要求所有节水器具用水效率等级达到2级，本条可得8分。 近两年用水器具标准陆续更新和出台，技术实施增量成本有所增加。
		7.2.11	节水灌溉及节水冷却技术	12	7	7	7	7	中 原因说明： 1. 满足基本政策标准规定应得分数，依据国家标准、北京市地方标准要求。 （1）绿化灌溉节水： 《民用建筑节水设计标准》GB 50555-2010第4.4.2条喷灌、微灌等节水灌溉方式，“应”。 （2）空调冷却水系统节水： 《民用建筑节水设计标准》GB 50555-2010第4.3.1条设置平衡管，“宜”； 《公共建筑节能设计标准》DB11/687-2015第4.2.20条加大集水盘，“应”。 2. 综合技术实施难度、增量成本（土壤湿度感应器、雨天自动关闭装置等节水控制措施），地域差异性（无需永久灌溉植物）等，本条款整体判定难度为“中”。

续表

项目类别		条文号	评分指标	满分分值	满足基本政策标准规定应得分数		满足一星级建议最低得分		评分情况说明
					居建	公建	居建	公建	
评分项	Ⅲ 节水与 水资源利用 （50 分）	7.2.12	室外景观水体	8	8	8	8	8	中 原因说明： 1. 不设景观水体的项目，可直接得 8 分； 2. 设景观水体的项目，应依据国家现行标准《住宅建筑规范》GB 50368-2005 第 4.4.3 条规定“人工景观水体的补充水严禁使用自来水”，第 1 款进入室外景观水体的雨水，采用生态设施削减径流污染措施得分较难，第 2 款利用水生动、植物保障室外景观水体水质的措施相对容易。 3. 综合技术实施难度、增量成本（生态水处理技术）适中，北京地区降水较少，雨水补水较困难，本条款整体判定难度为“中”。
		7.2.13	非传统水源利用	15	15	15	15	15	易 原因说明： 1. 市政中水覆盖的建设项目易达到比例要求；缺乏市政中水覆盖的建设项目，可以采用雨水、建筑中水等非传统水源利用，相关技术体系成熟。 2. 未设置冷却塔的建设项目，可直接得分。 3. 综合技术实施难度，本条款整体判定难度为“易”。
	Ⅳ 节材与 绿色建材 （50 分）	7.2.14	土建与装修一体化设计及施工	8	8	8	8	8	中 原因说明： 本条要求必须建筑所有区域达到条款所述要求，但对于需二次装修的公建，无法达到本条要求。
		7.2.15	合理选用建筑结构材料与构件	10	10	10	10	10	中 原因说明： 1. 采用高强混凝土和高强钢筋是趋势。 2. 高强钢筋和高强混凝土的选用受到部分结构性能有关计算指标的约束。 3. 螺栓连接等非现场焊接节点结构计算要求、工艺的约束。

续表

项目类别		条文号	评分指标	满分分值	满足基本政策标准规定应得分数		满足一星级建议最低得分		评分情况说明
					居建	公建	居建	公建	
评分项	Ⅳ 节材与绿色建材（50分）	7.2.16	工业化内装部品	8	8	8	8	8	易 原因说明： 1. 采用工业化部品是行业趋势。 2. 选用单项工业化内装部品占同类部品用量比例达到 50%以上，比较容易做到。 3. 从至少 6 个选项中根据项目情况选用 3 个应用比较容易做到。
		7.2.17	可再循环、再利用及利废建材	12	6	6	6	6	中 原因说明： 1. 本条为 2016 版既有条款，实施路径已十分清晰成熟。 2. 得 50%分较易实现。
		7.2.18	绿色建材	12	8	8	8	8	中 原因说明： 1. 采用绿色建材有一系列国家政策支撑。 2.《北京城市副中心绿色建筑高质量发展的指导意见》（试行）（副中心建管发〔2021〕1 号）中提出：2025 年新建建筑绿色建材应用比例达到 70%。 3. 据统计，北京市大宗建材，包括混凝土、砂浆、砌体、保温、防水、门窗等 60%以上的供应量的企业已通过绿色建材认证。

注：在判定“满足基本政策标准规定应得分数”的同时，填写“评分情况说明”，按下列三种情况对每一条款进行说明：

1. 北京市强制标准或标准中用语为“应”的技术要求，为“易”；
2. 北京市相关标准中用语为“宜”的技术要求、技术实施增量成本较适中，为“中”；
3. 技术实施难、增量成本较高的为“难”。

评价条款

7.1 控制项

7.1.1 应结合场地自然条件和建筑功能需求，对建筑的体形、平面布局、空间尺度、围护结构等进行节能设计，且应符合国家、地方有关节能设计的要求。

【评价要点】

评价专业	评价要点	建议提交材料及要求
建筑	1. 审阅建筑节能设计中建筑外表系数、体形系数、建筑各朝向窗墙比、围护结构热工性能是否满足北京市节能设计标准要求； 2. 审阅节能工程验收记录是否能满足北京市节能设计标准要求。	1. 建筑专业竣工图-建筑设计说明-节能篇：明确满足北京市节能设计标准要求； 2. 建筑节能计算书及建筑节能审查相关文件； 3. 建筑日照模拟计算报告； 4. 节能工程验收记录。

【实施要点】

住宅建筑：建筑朝向优先采用南北向或接近南北向，对于东西向建筑依据北京市节能标准做好遮阳及围护结构节能计算，满足北京市现行地方标准《居住建筑节能设计标准》DB11/891、行业现行标准《严寒和寒冷地区居住建筑节能设计标准》JGJ 26 可判定达标；

公共建筑：优化设计建筑形体、合理控制建筑各朝向窗墙面积比，围护结构热工性能满足北京市现行地方标准《公共建筑节能设计标准》DB11/687、国家现行标准《公共建筑节能设计标准》GB 50189 要求，可判定达标。

7.1.2 应采取措施降低部分负荷、部分空间使用下的供暖、空调系统能耗，并应符合下列规定：

1 应区分房间的朝向细分供暖、空调区域，并应对系统进行分区控制；

2 空调冷源的部分负荷性能系数（*IPLV*）、电冷源综合制冷性能系数（*SCOP*）应符合现行国家标准《公共建筑节能设计标准》GB 50189 的规定。

【评价要点】

评价专业	评价要点	建议提交材料及要求
暖通空调	1. 审阅暖通空调专业的设计说明、平面图、设备表、系统图等竣工设计文件； 2. 审阅冷源机组产品型式检验报告、IPLV 计算书、采暖空调系统 SCOP 计算书。	1. 暖通空调竣工设备材料表：应包含输配系统设备的计算参数； 2. 部分负荷性能系数（IPLV）计算书、系统综合性能系数（SCOP）计算书； 3. 暖通空调专业的设计说明、平面图、系统图等：应包含分区控制策略。

【实施要点】

本条第 1 款主要针对空调供暖系统划分及末端分区控制。供暖及空调系统应按照使用时间、不同温湿度要求、房间朝向和功能分区等进行分区分级设计，避免全空间、全时间和盲目采用高标准供暖空调设计，同时提供分区控制策略，则认为满足本款要求。空调方式采用分体空调以及多联机的，且分体空调、多联机 IPLV 满足节能设计标准，本款可判定达标（但前提是其供暖系统也满足本款要求，或没有供暖系统）。

本条第 2 款主要针对空调供暖系统冷热源。一方面需要定性判断冷热源机组的容量配置、台数是否满足部分负荷要求，如热源为市政热源可不予考察（但小区锅炉房等仍应考察）；另一方面需定量考察冷源机组的部分负荷性能 IPLV 是否满足国家现行标准《公共建筑节能设计标准》GB 50189 及北京市现行地方标准《公共建筑节能设计标准》DB11/687 的相关规定。

7.1.3　应根据建筑空间功能设置分区温度，合理降低室内过渡区空间的温度设定标准。

【评价要点】

评价专业	评价要点	建议提交材料及要求
暖通空调	1. 室内过渡空间包含建筑门厅、中庭、卫生间、楼梯间、走廊、高大空间中超出人员活动范围的空间等区域，审阅室内过渡空间的空调供冷工况，室内设计温度是否高于长期逗留区域，供热工况是否降低；	1. 暖通空调专业竣工图-暖通空调设计说明：包含室内过渡空间的空调室内设计参数（包括房间内的温度、湿度、新风量等以及参照的设计标准）、过渡空间空调温度控制策略说明； 2. 暖通空调专业竣工图-暖通空调设计计算书：包含过渡空间的室内计算参数；

续表

评价专业	评价要点	建议提交材料及要求
暖通空调	2. 对于室内过渡空间无须供暖空调的项目，本条直接通过。	3. 暖通空调专业竣工图-暖通空调专业平面图：应体现分区控制策略。

【实施要点】

设计时可参照国家标准《民用建筑供暖通风与空气调节设计规范》GB 50736、北京市《公共建筑节能设计标准》DB11/687、北京市《居住建筑节能设计标准》DB11/891 等相关规定，在设计文件中明确各室内过渡空间的空调室内设计温度、温度控制策略等内容；

实施过程中根据设计要求进行落实。

7.1.4　主要功能房间的照明功率密度值不应高于现行国家标准《建筑照明设计标准》GB 50034 规定的现行值；公共区域的照明系统应采用分区、定时、感应等节能控制；采光区域的照明控制应独立于其他区域的照明控制。

【评价要点】

评价专业	评价要点	建议提交材料及要求
电气	1. 审阅主要功能房间的照明功率密度值是否满足要求； 2. 审阅公共区域照明控制方式是否采取分区、定时、感应等节能措施； 3. 审阅采光区域的照明控制是否独立于其他区域的照明控制； 4. 审阅建筑照明功率密度检测报告中主要功能房间的照明功率密度值是否满足要求。	1. 电气专业竣工图-建筑照明功率密度计算分析报告：包含主要功能房间的照明功率密度设计值； 2. 电气专业竣工图-装修区域照明功率密度计算分析报告：包含主要功能房间的照明功率密度设计值（如有装修区域）； 3. 电气专业竣工图-电气设计说明：明确公共区域照明节能控制方式； 4. 电气专业竣工图-电气照明控制系统图：包含分区、定时、感应、智能照明控制等； 5. 电气专业竣工图-电气照明平面图：包含照明灯具平面布置、照明控制、采光区域的照明控制独立于其他区域的照明控制设计； 6. 建筑照明功率密度检测报告：包含主要功能房间照度值、照明功率密度值。

【实施要点】

设计时按照现行国家标准《建筑照明设计标准》GB 50034 对功率密度现行值进行设计；不应该出现长明灯的公共区域照明采取节能控制措施，采用定时、人体感应、自然光感应等节能控制装置；依据现行国家标准《建筑采光设计标准》GB 50033 进行有效采光进深计算，对采光区域内的照明灯具实现独立控制；

实施过程中应按照设计要求进行照明产品的采购、安装、调试。

7.1.5　冷热源、输配系统和照明等各部分能耗应进行独立分项计量。

【评价要点】

评价专业	评价要点	建议提交材料及要求
电气	1. 审阅项目是否依照规定进行用电分项计量； 2. 审阅项目电能监测中采用的各分项计量仪表是否具有远传通讯功能； 3. 审阅分项计量系统架构和功能是否满足要求； 4. 审阅计量表计产品的相关采购记录和检测报告是否满足要求； 5. 对已投入使用的项目审阅其能耗计量记录。	1. 电气专业竣工图-电气设计说明：体现用电分项计量的设置情况； 2. 电气专业竣工图-变配电系统图：注明不同系统或设备各类计量表具设置情况，明确电表型号及统计表； 3. 电气专业竣工图-能耗分项计量竣工图：明确分项计量系统构架和功能； 4. 能耗分项计量表计等产品相关进场记录：包含产品订货资料、表计校准资料、设备材料表等； 5. 项目的能耗分项计量记录； 6. 远程计量系统图（若有）； 7. 配电箱系统图。
暖通空调	1. 审阅暖通空调主要用能设备是否依照规定进行用电分项计量，并与电气专业保持统一；	1. 暖通空调专业竣工图-暖通空调设计说明、设备表：注明暖通空调系统主要用能设备（冷机、水泵、风机等）的设置情况和设备参数； 2. 暖通空调专业竣工图-暖通空调专业平面图、系统图：对比暖通空调系统主要用能设备计量情况与电气配电系统图是否一致；

续表

评价专业	评价要点	建议提交材料及要求
暖通空调	2. 审阅集中冷热源的公共建筑暖通空调冷热源是否进行冷热量独立计量。	3. 暖通空调专业冷热源机房相关图：含计量小室及其控制系统图，明确冷热源机房设备的计量情况； 4. 暖通空调专业水系统图。
给水排水	审阅给水排水主要用能设备是否依照规定进行用电分项计量，并与电气专业保持统一。	1. 给水排水专业竣工图-给水排水设计说明：注明给水排水系统主要用能设备（水泵、太阳能集热系统等）的设置情况和设备参数； 2. 给水排水专业竣工图-给水排水专业平面图、系统图：对比给水排水系统主要用能设备计量情况与电气配电系统图是否一致。

【实施要点】

设计时可参照《国家机关办公建筑和大型公共建筑能耗监测系统分项能耗数据采集技术导则》、《国家机关办公建筑和大型公共建筑能耗监测系统楼宇分项计量设计安装技术导则》及北京市《公共建筑节能设计标准》DB11/687、北京市《居住建筑节能设计标准》DB11/891 等相关规定，在设计文件中明确分项计量设置原则、计量表计型号和计量系统功能等内容，计量仪表应具有远传通信功能；

实施过程中根据设计要求采购合格的计量系统和表计等产品，对其检验报告、校验记录、产品说明等进行验证；

对已投入运行的项目，做好建筑运行过程中能耗的分项计量记录，可为分析各项能耗水平和能耗结构是否合理提供依据，有助于发现问题并通过提出改进措施有效地践行建筑节能。

7.1.6　垂直电梯应采取群控、变频调速或能量反馈等节能措施；自动扶梯应采用变频感应启动等节能控制措施。

【评价要点】

评价专业	评价要点	建议提交材料及要求
电气	1. 审阅垂直电梯是否具有群控、变频调速、能量反馈等至少一项节能技术，自动扶梯是否具有变频感应启动等节能控制措施；	1. 建筑专业竣工图-建筑设计说明：包含垂直电梯、自动扶梯的节能措施；

续表

评价专业	评价要点	建议提交材料及要求
电气	2. 审阅电梯运行记录。	2. 交通深化设计-电梯与自动扶梯人流平衡计算分析报告：对大型公共建筑综合体、超高层建筑等超大规模建筑进行电梯与自动扶梯人流平衡计算分析，提供分析报告； 3. 相关产品型式检验报告：包含垂直电梯群控、变频调速、能量反馈等其中一种节能技术，自动扶梯具有变频感应启动等节能技术。

【实施要点】

设计时优先选用带有自动变频功能、电梯并联或群控控制功能、扶梯感应启停、驱动器休眠技术、能量再生回馈技术等节能功能的电梯设备；对于大型公共建筑综合体、超高层建筑等进行电梯与自动扶梯人流平衡计算分析，做到合理选型；

实施过程中根据设计要求进行电梯设备的采购、安装、调试。

7.1.7　应制定水资源利用方案，统筹利用各种水资源，并应符合下列规定：

1　应按使用用途、付费或管理单元，分别设置用水计量装置；

2　用水点处水压大于 0.2MPa 的配水支管应设置减压设施，并应满足给水配件最低工作压力的要求；

3　用水器具和设备应满足节水产品的要求。

【评价要点】

评价专业	评价要点	建议提交材料及要求
给水排水	1. 审阅用水计量装置的设置情况，是否按使用用途、付费或管理单元进行划分；	1. 水资源利用方案：应包括编制依据及原则、工程概况、用水量分析及计算、给水排水系统设计、非传统水源利用、计量设置说明及图示、各层用水点用水压力计算图表等主要内容；

续表

评价专业	评价要点	建议提交材料及要求
给水排水	2. 审阅末端用水点水压情况，是否满足最低工作压力要求；大于 0.2MPa 的配水支管是否设置减压设施； 3. 审阅用水器具和设备是否满足节水产品要求。	2. 给水排水专业竣工图-给水排水设计说明：明确用水计量措施、用水点压力设计要求、用水器具和设备的节水要求； 3. 给水排水专业竣工图-给水排水系统设计图：应包括系统原理图、站房详图等； 4. 用水器具和设备的产品说明书或节水性能检测报告。

【实施要点】

设计时可参照《建筑给水排水设计标准》GB 50015 和《民用建筑节水设计标准》GB 50555 中的相关规定，在水资源利用方案和设计文件中明确用水计量措施、用水压力设计和用水器具的节水性能要求等内容；

用水器具和设备的节水性能应满足国家标准《节水型产品通用技术条件》GB/T 18870 中的具体要求，并提供用水器具和设备的产品说明书或产品节水性能检测报告。

7.1.8　不应采用建筑形体和布置严重不规则的建筑结构。

【评价要点】

评价专业	评价要点	建议提交材料及要求
结构	审阅建筑、结构专业相关竣工图、建筑形体规则性判定报告等文件。	1. 建筑、结构专业竣工图：应有对建筑形体规则性的说明文字，图中有相关内容体现； 2. 建筑形体规则性判定报告等相关文件：参照图进行形体规则判定，并形成结论。

【实施要点】

1. 设计阶段优先选用规则的建筑形体。根据《建筑抗震设计规范》GB 50011 的有关规定，经计算后进行判定，并提供建筑形体规则性判定报告；

2. 不得采用建筑形体和布置严重不规则的建筑结构。对严重不规则的建筑，本条为控制项评价，属于一票否决制条款，“严重不规则”判否。

7.1.9　建筑造型要素应简约，应无大量装饰性构件，并应符合下列规定：

1　住宅建筑的装饰性构件造价占建筑总造价的比例不应大于2%；

2　公共建筑的装饰性构件造价占建筑总造价的比例不应大于1%。

【评价要点】

评价专业	评价要点	建议提交材料及要求
建筑	1. 审阅建筑立面中是否存在纯装饰性构件； 2. 审阅建筑立面中纯装饰性构件造价比例计算是否满足要求。	1. 建筑专业竣工图-平、立、剖图及墙身详图：应体现女儿墙的高度及立面装饰性构件的位置、尺寸； 2. 建筑工程造价决算清单：应体现装饰性构件的造价及工程总造价； 3. 装饰性构件造价比例计算书：应包括所有装饰性构件的位置及功能介绍，对没有功能作用的纯装饰性构件，应计算其造价占工程总造价的比例，计算数据应与工程造价决算保持一致。

【实施要点】

建筑设计时应尽可能结合功能需求，设计兼具功能性的装饰构件，如结合遮阳功能的格栅、结合绿化布置的构架等，尽量避免设计纯装饰构件，造成建筑材料的浪费；

本条所指的纯装饰性构件主要包括以下三类：

1）超出安全防护高度2倍以上的女儿墙；

2）单纯为追求标志性效果在屋顶等处设塔、球、曲面等异形构件（坡屋顶可不计入）；

3）不具备遮阳、导光、导风、载物、辅助绿化等功能作用的飘板、格栅、构架等作为立面构成要素在建筑中大量使用。

装饰性构件造价比例计算应以单栋建筑为单元，各单栋建筑的装饰性构件造价比例均应符合条文规定的比例要求。计算时，分子为各类装饰性构件造价之和，分母为单栋建筑的土建、安装工程总造价，不包括征地、装修等其他费用；

装饰性构件造价占工程总造价的比例=单栋建筑装饰性构件的造价（万元）/单栋建筑工程总造价（万元）×100%。

7.1.10　选用的建筑材料应符合下列规定：

1　500km 以内生产的建筑材料重量占建筑材料总重量的比例应大于 60%；

2　现浇混凝土应采用预拌混凝土，建筑砂浆应采用预拌砂浆。

【评价要点】

评价专业	评价要点	建议提交材料及要求
结构、建材	审查工程决算材料清单是否标明材料生产厂家的名称、地址，并按清单计算距离施工现场不超过 500km 的工厂生产的建筑材料的质量和其占工程所用建筑材料总质量的比例。	1. 工程决算材料清单：需含材料所有生产厂家的名称、厂址和供货量； 2. 距离施工现场 500km 以内的工厂生产的建筑材料质量占建筑材料总质量比例的计算书； 3. 结构专业竣工图：预拌混凝土和预拌砂浆的设计要求； 4. 预拌混凝土和预拌砂浆的购销合同、用量清单。

【实施要点】

第 1 款，在材料采购及施工过程中尽量选用当地生产或工地周边地区生产的建筑材料，并注意收集、保留能充分证明材料生产地及用量的纸质证据；

1. 本条中的“工厂”必须证照齐全，有固定的生产厂房和必要的生产设备等。本条要求“工厂生产”，不包括在施工现场进行的加工制作；

2. 必须以“生产地区”作为“是否为当地生产的建筑材料”的判定依据。从当地建材商处采购的建筑材料不一定属当地生产的建筑材料；

3. 将当地原料或半成品运到 500km 以外的工厂进行加工，加工后运回本项目工地的建筑材料，不能算作“不超过 500km 的工厂生产的建筑材料”。而将 500km 以外的原料或半成品运到距离施工现场不超过 500km 的工厂，加工或组装后运到本项目工地的建筑材料，可以算作“不超过 500km 的工厂生产的建筑材料”；

4. 回填土不能算作“施工现场 500km 以内生产的建筑材料”。

第2款，设计阶段注意在图纸中注明现浇混凝土采用预拌混凝土和预拌砂浆的相关要求；施工阶段应注意保留现场照片、合同等证据。项目采用的预拌混凝土应符合现行国家标准《预拌混凝土》GB/T 14902 的规定，预拌砂浆应符合现行标准《预拌砂浆》GB/T 25181 及《预拌砂浆应用技术规程》JGJ/T 223 的规定；

1. 特殊地区因客观原因无法达到者需提供相关说明由专家判定，若项目所在地无预拌混凝土或砂浆采购来源，可提供相关说明，由专家判定；

2. 竣工图及设计说明中总用量需与预拌混凝土和预拌砂浆用量清单、供销合同等证明材料相一致。

7.2 评分项

Ⅰ 节地与土地利用

7.2.1 节约集约利用土地，评价总分值为 20 分，并按下列规则评分：

1 住宅建筑，根据其所在居住街坊人均住宅用地指标按表 7.2.1-1 的规则评分；

表 7.2.1-1 居住街坊人均住宅用地指标评分规则

建筑气候区划	人均住宅用地指标 A（m^2）					得分
	平均 3 层及以下	平均 4～6 层	平均 7～9 层	平均 10～18 层	平均 19 层及以上	
Ⅱ	$33<A\leqslant36$	$27<A\leqslant30$	$20<A\leqslant21$	$16<A\leqslant17$	$12<A\leqslant13$	15
	$A\leqslant33$	$A\leqslant27$	$A\leqslant20$	$A\leqslant16$	$A\leqslant12$	20

2 公共建筑，根据不同功能建筑的容积率（R）按表 7.2.1-2 的规则评分。

表 7.2.1-2 公共建筑容积率（*R*）评分规则

行政办公、商务办公、商业金融、旅馆饭店、交通枢纽等	教育、文化、体育、医疗卫生、社会福利等	得分
$1.0\leqslant R<1.5$	$0.5\leqslant R<0.8$	8
$1.5\leqslant R<2.5$	$R\geqslant2.0$	12
$2.5\leqslant R<3.5$	$0.8\leqslant R<1.5$	16
$R\geqslant3.5$	$1.5\leqslant R<2.0$	20

【评价要点】

评价专业	评价要点	建议提交材料及要求
规划	一、住宅建筑： 1. 审阅建筑设计说明和总平面图中相关技术经济指标，如住区用地面积、总户数、总人口（按 2.45 人/户计算人口数）等，数据是否与人均住宅用地计算书一致； 2. 审阅人均住宅用地计算书中平均层数及人均住宅用地面积计算是否正确、是否符合得分要求。 二、公共建筑： 查阅项目用地面积、地上总建筑面积、容积率、建筑类型等内容，审核项目类型认定是否正确。	一、住宅建筑 1. 建筑专业竣工图-建筑设计说明或总平面图：应包含住区用地面积、总户数、总人口（按 2.45 人/户计算人口数）等数据； 2. 人均住宅用地计算书：需包含平均层数、人均住宅用地面积的详细计算过程。 二、公共建筑 1. 建筑专业竣工图-总平面图，应包含规划用地面积、地上总建筑面积、容积率等技术经济指标； 2. 容积率计算或说明书：当参评范围与总图不一致时，需提供参评范围的容积率计算或说明。

【实施要点】

（1）建设用地必须获得城乡规划管理部门的批准；

（2）避免过低的建筑密度、容积率；

（3）避免过大的户型面积，以建设小户型住宅为主，降低大户型住宅比例；

（4）准确计算各项综合技术经济指标。

容积率应按下列方法进行核算：

1）对于用地性质明确且有独立用地边界的申报项目，其容积率应按城乡规划管理部门核发的建设用地相关批准文件中批准的用地面积进行核算；

2）对于综合开发的公共建筑群项目，其容积率应按照城乡规划管理部门核发的建设用地相关批准文件中批准的完整用地面积进行核算，或按照包含本次申报所有公建项目，且由场地内部道路完整围合区域的用地面积进行核算。当场地中的建筑群同时涉及本条中公共建筑第一类和第二类的建筑，且需整体评价时，如两类建筑能够划分各自用地，则可按照《绿色建筑评价标准》DB11/T 825-

2021 第 3.1.1 条的要求，分别对各单体进行评价；如两类建筑用地无法划分，则参照第一类的得分指标进行评价。

3）对于含有住宅建筑和公共建筑的综合开发项目，根据城乡规划管理部门核发的建设用地相关批准文件规定，如其用地性质属于居住和公建混合的综合类用地，且住宅建筑和公共建筑可由用地内部道路完整划分功能区域时，则可各自分别进行评价；如住宅建筑和公共建筑的用地无法划分，则可按照两者地上建筑面积占建设用地内地上总建筑面积的比例折算出各自相应的用地面积，分别进行评价。

【计算方法】

对于住宅建筑，人均住宅用地指标 A 的计算和评分方式如下：

$$A=\frac{R}{H\times 2.45}$$

式中　A——人均居住用地面积；

R——居住街坊住宅用地面积；

H——住宅总套数，2.45 指北京市户均人口为每户 2.45 人。

然后根据参评住宅建筑的平均层数，判断出人均住宅用地指标的具体得分。

住宅建筑平均层数是指一定用地范围内，住宅建筑总面积与住宅建筑基底总面积的比值所得的层数。

7.2.2　合理开发利用地下空间，评价总分值为 12 分，根据地下空间开发利用指标，按表 7.2.2 的规则评分。

表 7.2.2　地下空间开发利用指标评分规则

建筑类型	地下空间开发利用指标	得分	
住宅建筑	地下建筑面积与地上建筑面积的比率 R_r 地下一层建筑面积与总用地面积的比率 R_p	$5\%\leqslant R_r<20\%$	5
		$R_r\geqslant 20\%$	7
		$R_r\geqslant 35\%$ 且 $R_p<60\%$	12
公共建筑	地下建筑面积与总用地面积之比 R_{p_1} 地下一层建筑面积与总用地面积的比率 R_p	$R_{p_1}\geqslant 0.5$	5
		$R_{p_1}\geqslant 0.7$ 且 $R_p<70\%$	7
		$R_{p_1}\geqslant 1.0$ 且 $R_p<60\%$	12

【评价要点】

评价专业	评价要点	建议提交材料及要求
规划	1. 审阅相关图纸，审核地下空间设计的合理性及相关技术经济指标； 2. 住宅建筑审阅地下建筑面积与地上建筑面积的比率，同时审阅地下一层建筑面积与总用地面积的比率是否满足要求； 3. 公共建筑审阅地下建筑面积与总用地面积之比，同时审阅地下一层建筑面积与总用地面积的比率是否满足要求； 4. 当参评建筑为建筑群中的部分楼栋时，本条评价采用的用地面积应与 7.2.1 条一致；当地下室与不参评建筑连通从而无法明确划分地下面积时，按照申报用地面积与总用地面积的比例分别计算参评范围的地下建筑面积及地下一层建筑面积； 5. 经论证，建筑规模、场地区位、地质等建设条件确实不适宜开发地下空间，并提供经济技术分析报告的，本条可直接得 12 分。	1. 建筑专业竣工图-设计说明和建筑总平面竣工图：应包括用地面积、总建筑面积、地上建筑面积、地下建筑面积等技术经济指标； 2. 地下空间利用计算书：应包含地下建筑一层建筑面积与总用地面积的比率，住宅建筑计算地下建筑面积与地上建筑面积的比率，公共建筑计算地下建筑面积与总用地面积之比； 3. 建筑专业竣工图-建筑剖面图和地下各层平面图：应体现地下空间功能分区及各层建筑面积； 4. 地下空间不适宜开发说明书（仅不适宜开发地下空间的项目提供）：应论述项目不适宜开发地下空间的缘由，如场地区位和地质条件、建筑结构类型、建筑功能或性质等确实不适宜开发地下空间的情况说明。

【实施要点】

对于地下一层的认定，建筑群的地下一层为大面积覆土下的第一层，单体建筑按照图纸所注明的层数判定，如图 7.2.2 所示：

对于地下空间的利用应关注以下内容：

（1）对地下空间利用的合理性进行分析，应利用有度、科学合理，地下空间利用应优先选择地上主体建筑基础覆盖区域，避免高强度粗放型开发；

（2）合理提高地下空间建筑面积与建筑基底面积之比；

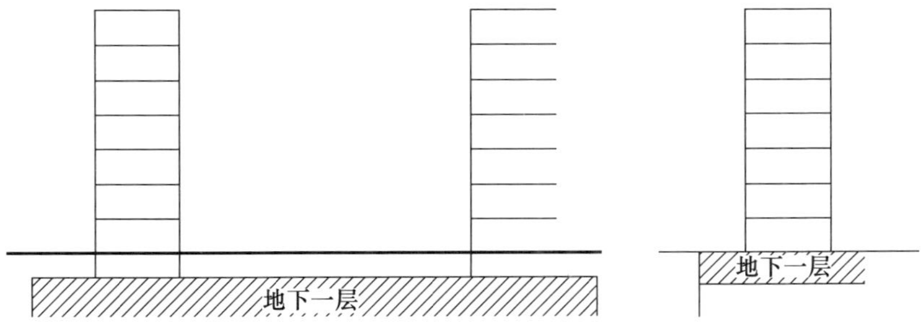

(1)建筑群　　(2)单体建筑图

图7.2.2　地下一层位置示意

（3）在条件允许的情况下，充分考虑地下空间多功能利用的可能性，包括停车库、商业、服务用房、设备用房等，并在建筑荷载、空间高度、水、电、空调通风等配套上考虑预留适当的条件；

（4）利用地下空间应结合实际情况，处理好地下室入口与地面的有机联系，以及通风、防火及防渗漏等问题。

对于地下空间利用的合理性，还应考虑以下因素：

（1）开发地下空间的必要性因城市不同区位的土地价值不同而有所差异；

（2）有些地区的地址条件不利，地下空间开发会增加很多投资并带来安全隐患；

（3）高层建筑一般具备利用地下空间的条件，而多层和低层建筑利用地下空间的经济成本一般较高。

7.2.3　采用机械式停车设施、地下停车库或地面停车楼等方式，评价总分值为8分，并按下列规则评分：

1　住宅建筑地面停车位数量与住宅总套数的比率小于10%，得8分；

2　公共建筑地面停车占地面积与其总建设用地面积的比率小于8%，得8分。

【评价要点】

评价专业	评价要点	建议提交材料及要求
规划	1. 审阅建筑总平面图中地面机动车停车方式、位置、停车数量；	1. 建筑专业竣工图-总平面图：应明确地面机动车停车场的位置、停车位数量、总建设用地面积、住宅总套数（住宅建筑）；

续表

评价专业	评价要点	建议提交材料及要求
规划	2. 住宅建筑审阅地面停车位与住宅总套数的比例计算是否正确，是否满足得分要求； 3. 公共建筑审阅地面停车占地面积与其总建设用地面积的比例计算是否正确，是否满足得分要求。	2. 建筑专业竣工图-设计说明或地面停车比例计算书： 1）住宅建筑应明确场地内机动车停车方式，并计算地面停车位与住宅总套数的比例； 2）公共建筑应明确场地内机动车停车方式，并计算地面停车占地面积与其总建设用地面积的比例。

【实施要点】

对于机动车停车设施，建设项目宜根据自身条件采用地下停车库、机械停车设施、地面停车楼等集约方式停车，减少对室外场地空间的占用。地面停车位应适度设置，且不应占用行人活动空间。

【计算方法】

1. 住宅建筑

住宅建筑地面停车率＝地面停车位数量/住宅户数×100％

其中：在住宅建筑地面停车率计算中，地面上的多层停车楼或机械停车位按一层的车位数计算占地车位数。

2. 公共建筑

公建地面停车率＝地面停车位占地面积/总建设用地面积×100％

对于公共建筑，按照下列规则计算地面停车位占地面积：

1）当采用路边停车等分散停车方式时，停车位的占地面积按车位实际占地面积计算，如图 7.2.3（a）所示；

2）当设置单独停车场时，地面停车位占地面积即为停车场占地面积，如图 7.2.3（b）所示；

3）当采用地面机械车位或停车楼时，则地面停车位的占地面积即为机械车位或停车楼的占地面积；

4）临时卸货区的划定停车位也应计算在内。

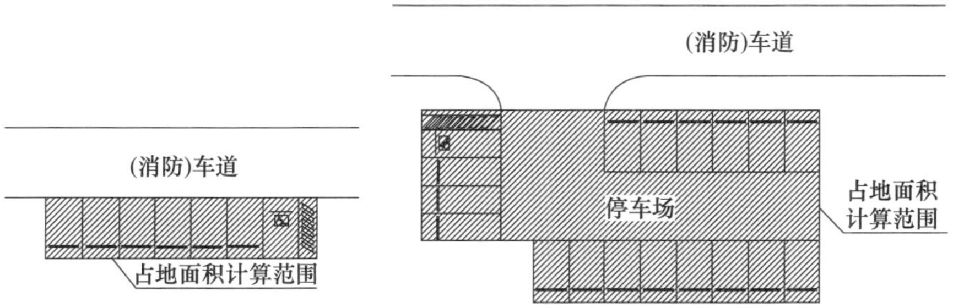

(a) 路边停车位　　(b) 停车场

图7.2.3　地面停车占地面积示意

Ⅱ　节能与能源利用

7.2.4　优化建筑围护结构的热工性能，评价总分值为15分，并按下列规则评分：

1　围护结构热工性能比现行国家相关建筑节能设计标准规定的提高幅度达到5%，得5分；达到10%，得10分；达到15%，得15分。

2　建筑供暖空调负荷降低5%，得5分；降低10%，得10分；降低15%，得15分。

【评价要点】

评价专业	评价要点	建议提交材料及要求
建筑、暖通空调	1. 审阅建筑设计说明、节能专篇、节能计算书等竣工设计文件。核查项目执行的建筑节能标准，核对项目围护结构做法和热工性能。主要考察外墙、屋顶、外窗、幕墙等围护结构主要部位的传热系数 K、外窗/幕墙的太阳得热系数 $SHGC$，确定提升比例是否满足得分要求。其他如外挑楼板，非供暖房间的隔墙与楼板，以及周边地面的保温材料热阻，不在本条控制范围之内； 2. 审阅项目能耗模拟分析报告，“建筑供暖空调负荷”指的是采暖季和空调季全年耗热量和耗冷量的累计值。对于未采用集中供冷系统的住宅建筑，只考察采暖能耗降低情况。	1. 建筑专业竣工图：应包括设计说明、围护结构施工详图、围护结构热工性能参数表等设计文件； 2. 建筑节能计算书及建筑节能审查相关文件； 3. 供暖空调全年计算负荷的分析报告； 4. 节能竣工验收文件。

【实施要点】

第 1 款要求的是外墙、屋顶、外窗、幕墙等围护结构主要部位的传热系数 K、外窗/幕墙的太阳得热系数 $SHGC$，公共建筑的对应标准主要是国家标准《公共建筑节能设计标准》GB 50189-2015 中第 3.3.1、3.3.2 条规定的围护结构传热系数、太阳得热系数，居住建筑的对应标准是行业标准《严寒和寒冷地区居住建筑节能设计标准》JGJ 26-2018 中第 4.2.1、4.2.2、4.2.6 条所规定的围护结构传热系数、太阳得热系数。

考虑到目前的各节能设计标准对相关指标都有强制性条文约束，基本性能已经得到了保证，在此基础上，绿色建筑评价时可进一步对其中几项主要内容提高要求，抓好主要矛盾。本条评价中，可只考虑外墙、屋面的传热系数，外窗/玻璃幕墙的传热系数、太阳得热系数，其他诸如外挑楼板，非供暖房间的隔墙与楼板，以及周边地面的保温材料热阻，不在本条控制范围之内。

第 2 款，适用于所有建筑类型。

计算围护结构热工性能提升比例时，居住建筑应根据《严寒和寒冷地区居住建筑节能设计标准》JGJ 26-2018 附录 B 规定的方法将围护结构主断面传热系数换算成平均传热系数，再与基准建筑指标进行对照，判断围护结构热工性能提升比例；公共建筑外墙的传热系数应包括结构性热桥在内的平均传热系数，平均传热系数应按《公共建筑节能设计标准》GB 50189-2015 附录 A 的规定进行计算。

根据《民用建筑绿色性能计算标准》JGJ/T 449-2018 计算围护结构节能率时，北京地区居住建筑不统计建筑供冷能耗。新建居住建筑执行北京市地方标准《居住建筑节能设计标准》DB11/891-2020，采用围护结构热工性能提升和单位面积建筑能耗指标双控，标准建筑节能率为 80%，建筑采暖能耗在现行行业标准《严寒和寒冷地区居住建筑节能设计标准》JGJ 26-2018 的基础上降低 15%以上，可以直接得分 15 分。

7.2.5　供暖空调系统的冷、热源机组能效均优于现行国家标准《公共建筑节能设计标准》GB 50189 的规定及现行有关国家标准能效限定值的要求，评价总分值为 10 分，按表 7.2.5 的规则评分。

表 7.2.5　冷、热源机组能效提升幅度评分规则

机组类型	能效指标	参照标准	评分要求	
电机驱动的蒸汽压缩循环冷水（热泵）机组	制冷性能系数（COP）	现行国家标准《公共建筑节能设计标准》GB 50189	提高 6%	提高 12%
直燃型溴化锂吸收式冷（温）水机组	制冷、供热性能系数（COP）		提高 6%	提高 12%
单元式空气调节机、风管送风式和屋顶式空调机组	能效比（EER）		提高 6%	提高 12%

续表

机组类型		能效指标	参照标准	评分要求	
多联式空调（热泵）机组		制冷综合性能系数（*IPLV*（*C*））	现行国家标准《公共建筑节能设计标准》GB 50189	提高 8%	提高 16%
锅炉	燃煤	热效率		提高 3 个百分点	提高 6 个百分点
	燃油燃气	热效率		提高 2 个百分点	提高 4 个百分点
房间空气调节器		能效比（*EER*）、能源消耗效率	现行国家标准	节能评价值	1 级能效等级限值
家用燃气热水炉		热效率值（η）			
蒸汽型溴化锂吸收式冷水机组		制冷、供热性能系数（*COP*）			
得分				5 分	10 分

【评价要点】

评价专业	评价要点	建议提交材料及要求
暖通空调	1. 审阅竣工文件中暖通空调专业的设计说明、设备表等设计文件、冷热源机组产品说明书、产品型式检验报告等，重点审核冷、热源机组能效指标； 2. 对于城市市政热源，不对其热源机组能效进行评价。对于同时存在供暖、空调的项目，冷热源能效提升应同时满足表 7.2.5 的要求才能得分。若项目采用多种类型的冷、热源，则每种类型的冷热源性能均须满足得分要求。	1. 暖通空调竣工图：应包含暖通空调设计说明、暖通空调设备材料表； 2. 冷热源机组产品说明、产品型式检验报告、节能产品认证试验报告：审查冷、热源机组能效指标； 3. 暖通空调冷热源设备的运行记录：投入使用的项目应提供运行记录。

【实施要点】

采用节能设备与合适的冷热源机组：

（1）根据项目类型、建筑布局和使用特点，合理选择冷热源机组形式；

（2）根据国家标准《公共建筑节能设计标准》GB 50189-2015 中的第 4.2.5、4.2.10、4.2.14、4.2.17、4.2.19 条，《房间空气调节器能效限定值及能效等级》GB 21455-2019 中的第 4、5 章节，《家用燃气快速热水器和燃气采暖热水炉能效限定值及能效等级》

GB 20665-2015 中的第 4.2 节，《溴化锂吸收式冷水机组能效限定值及能效等级》GB 29540-2013 中的第 4.1.2 条要求选用能效比高的冷热源机组。

“能效限定值”是配合我国实施《中华人民共和国节约能源法》（以下简称《节能法》）中淘汰高耗能产品制度而制定的标准限值，它是一个强制性指标，如果用能产品的能源利用效率低于该指标就被认为是高耗能产品，根据《节能法》的规定，这种产品是不能生产或被销售的。《房间空气调节器能效限定值及能效等级》GB 21455-2019 给出了能效限定值，比能效限定值高一个能效等级即为节能评价值。以转速一定型压缩机的热泵型房间空气调节器为例，5 级能效是能效限定值，4 级是节能评价值，符合 4 级能效要求的产品可定义为节能产品，在此之上可评价一级能效、二级能效、三级能效节能产品。

7.2.6　采取有效措施降低供暖空调系统的末端系统及输配系统的能耗，评价总分值为 5 分，并按以下规则分别评分并累计：

1　通风空调系统的风道系统的单位风量耗功率比现行国家标准《公共建筑节能设计标准》GB 50189 的规定低 20%，得 2 分；

2　集中供暖系统热水循环泵的耗电输热比、空调冷热水系统循环水泵的耗电输冷（热）比比现行国家标准《民用建筑供暖通风与空气调节设计规范》GB 50736 规定值低 20%，得 3 分。

【评价要点】

评价专业	评价要点	建议提交材料及要求
暖通空调	审阅竣工文件中暖通空调专业的设计说明、设备表、风系统及水系统等设计文件竣工图，风机、水泵的产品型式检验报告，风机的单位风量耗功率、空调冷热水系统的耗电输冷（热）比、集中供暖系统热水循环泵的耗电输热比计算书。	1. 暖通空调专业竣工图-暖通空调设备材料表：应包含输配系统设备的计算参数； 2. 产品型式检验报告：应包含输配系统相关各设备的产品型式检验报告； 3. 空调、采暖系统设备计算书：应包含风机的单位风量耗功率、空调冷热水系统的耗电输冷（热）比、集中供暖系统热水循环泵的耗电输热比。

【实施要点】

第 1 款，评价范围仅限风量大于 10000m^3/h 的空调风系统和通风系统；采用分体空调和多联机空调（热泵）机组的，本款可直接得 2 分，对于设置新风机的项目，若新风机的风量大于 10000m^3/h 时，新风机需参与评价。

第2款，对于非集中采暖空调系统的项目，如分体空调、多联机空调（热泵）机组、单元式空气调节机等，本款可直接得3分。

采用节能设备与系统：

（1）根据项目建筑布局和建筑规模，合理选择空调通风系统规模和冷热源位置；

（2）选用节能高效的风机、水泵及配套高效电机；

（3）通过最不利管路的水力计算，合理设计管道布置、确定管道比摩阻及控制阀门和末端设备的设计阻力，合理选择风机水泵。

7.2.7　采用节能型电气设备及节能控制措施，评价总分值为10分，并按下列规则分别评分并累计：

1　主要功能房间的照明功率密度值达到现行国家标准《建筑照明设计标准》GB 50034规定的目标值，得5分；

2　采光区域的人工照明随天然光照度变化自动调节，得2分；

3　照明产品、三相配电变压器、水泵、风机等设备满足国家现行有关标准的节能评价值的要求，得3分。

【评价要点】

评价专业	评价要点	建议提交材料及要求
电气	1. 审阅主要功能房间的照明功率密度值是否达到现行国家标准《建筑照明设计标准》GB 50034规定的目标值； 2. 审阅采光区域的人工照明灯具是否为可调光灯具，是否设置感光传感器控制灯具随照度变化自动调节； 3. 审阅所用配电变压器是否满足现行国家标准《电力变压器能效限定值及能效等级》GB 20052规定的节能评价值，油浸式配电变压器、干式配电变压器的空载损耗和负载损耗值均应不高于能效等级2级的规定；审阅照明产品、水泵、风机等其他电气设备是否满足国家现行有关标准的节能评价值或二级能效水平； 4. 审阅照明功率密度计算分析报告是否满足照明功率密度值要求；	1. 电气专业竣工图-电气设计说明：明确主要功能房间类型、照明设计标准、照明功率密度设计值；明确采光区域人工照明的调节方式；明确照明产品、三相配电变压器、水泵、风机等设备的节能评价情况，及参考的国家现行有关标准名称和编号； 2. 电气专业竣工图-照明系统图及平面图：体现采光区域灯具为可调光灯具，并设置感光传感器控制灯具随照度变化自动调节； 3. 电气专业竣工图-照明平面竣工图：体现照明灯具及照明配电系统的平面布置，灯具型号应与图例相吻合，评价阶段还应与现场相吻合； 4. 电气专业竣工图-高、低压系统图：明确变压器的型号、能效等级、参考的国家现行有关标准名称及编号；

续表

评价专业	评价要点	建议提交材料及要求
电气	5. 审阅相关产品型式检验报告是否满足设备节能评价值要求。	5. 照明功率密度计算分析报告：明确灯具类型、主要灯具型号、参数和布置，对各空间的设计照度和照明功率密度（关联自评）进行计算； 6. 相关产品型式检验报告。
暖通空调	1. 审阅水泵、风机等设备是否满足国家现行有关标准的节能评价值的要求； 2. 审阅产品型式检验报告是否满足设备节能评价值要求。	1. 暖通空调专业竣工图-暖通空调设计说明、设备表：明确水泵、风机等设备的节能评价情况，参考的国家现行有关标准名称及编号； 2. 产品型式检验报告。

【实施要点】

第 1 款同第 7.1.4 条。

第 2 款，可在临近采光窗的照明支路上设置光感器件等可实现关闭部分灯具、调光或其他自控措施的装置以节约电能。

第 3 款，照明产品、变压器、电动机等的能效等级在设计文件中的规定应明确。以 10kV 油浸式三相双绕组无励磁调压配电变压器为例，3 级能效是能效限定值，2 级是节能评价值。变压器的能效等级要求应该自始至终满足相应的评价要求，并落实于订货、安装、运行中。电动机的能效等级要通过电气与设备相关专业共同明确设计要求，并落实于订货、安装、使用中。

7.2.8 采取措施降低建筑能耗，评价总分值为 10 分。建筑能耗相比国家现行有关建筑节能标准降低 10%，得 5 分；降低 20%，得 10 分。

【评价要点】

评价专业	评价要点	建议提交材料及要求
暖通空调	1. 审查建筑能耗模拟计算书中设计建筑和参考建筑的能耗以及设计建筑能耗降低幅度是否满足要求。设计（参照）建筑能耗为供暖空调系统能耗和照明系统能耗之和；	1. 暖通空调专业竣工图-暖通空调设计说明； 2. 建筑能耗模拟计算书：包含供暖空调和照明系统能耗；

续表

评价专业	评价要点	建议提交材料及要求
暖通空调	2. 审阅建筑能耗模拟计算书中照明相关设置参数是否与电气设计说明一致； 3. 对于已投入使用满 1 年的项目，审阅其运行能耗统计数据及其节能率是否满足要求。	3. 电气专业竣工图-电气设计说明； 4. 运行能耗统计数据及其节能率计算报告（投入使用满 1 年的项目）。

【实施要点】

暖通空调系统的节能可以从冷热源、输配系统、末端系统等环节进行优化。比如提高冷热源的性能系数、优化输配系统、末端系统的耗电输冷（热）比和单位风量耗功率，优化各系统的节能控制策略。空调水系统、风系统采取变频措施。全空气空调机组的最大新风比和排风热回收比例在北京市地方标准《公共建筑节能设计标准》DB11/687-2015 相关强制规定的基础上进一步提高。照明系统应采用高效的光源、灯具及附件。

【计算方法】

由于供暖空调和照明系统能耗是建筑的主要能耗，所以投入使用不足 1 年的评价可计算建筑的供暖空调和照明系统能耗并进行比较，即根据现行行业标准《民用建筑绿色性能计算标准》JGJ/T 449 的相关规定，分别计算设计建筑及满足现行国家建筑节能设计标准规定的参照建筑的供暖空调能耗和照明系统能耗，计算其节能率并进行得分判定。本条文涉及的国家建筑节能设计标准，包括现行国家标准《公共建筑节能设计标准》GB 50189 和现行行业标准《严寒和寒冷地区居住建筑节能设计标准》JGJ 26 等。预期节能率可按下式计算：

$$\varepsilon=\left(1-\frac{\text{设计建筑能耗}}{\text{参照建筑能耗}}\right)\times 100\% \qquad (7.2.8)$$

式中，设计（参照）建筑能耗为供暖空调系统能耗和照明系统能耗之和，其中：

1）供暖空调系统能耗应包括冷热源、输配系统及末端空气处理设备的能耗。计算时，参照建筑和设计建筑的围护结构、室内设计参数和模拟参数（作息、室内发热量等）的设置等应一致，并且应满足《民用建筑绿色性能计算标准》JGJ/T 449-2018 第 5.3.2、5.3.3、5.3.4、5.3.5、5.3.6、5.3.7 条的规定；

2）照明系统能耗为居住建筑公共空间或公共建筑的照明系统能耗，其计算应满足《民用建筑绿色性能计算标准》JGJ/T 449-

2018 第 5.3.3、5.3.9 条的要求；

计算所得的能耗量应折算成一次能耗量，不同能源种类之间的转换按《建筑能耗数据分类及表示方法》JG/T 358-2012 中规定的发电煤耗法换算系数确定，如表 7.2.8-1 所示。也可按《民用建筑能耗分类及表示方法》GB/T 34913-2017 折算为电力。

表 7.2.8-1　主要能源按电热当量法、发电煤耗法和等效电法的换算系数

能源种类	实物量	电热当量法换算		发电煤耗法换算		等效电法换算		备注（计算等效电采用的温度）
		kWh_{CV}	MJ_{CV}	$kgce_{CE}$	MJ_{CE}	kWh_{EE}	MJ_{EE}	
电力	1kWh	1.000	3.600	0.320[b]	9.367[b]	1.000	3.600	—
天然气	$1m^3$	10.81	38.93	1.330	38.93	7.131	25.67	燃烧温度 1500℃ 环境温度 0℃
原油	1kg	11.62	41.82	1.429	41.82	7.659	27.57	燃烧温度 1500℃ 环境温度 0℃
汽油	1kg	11.96	43.07	1.474	43.07	7.889	28.40	燃烧温度 1500℃ 环境温度 0℃
柴油	1kg	11.85	42.65	1.457	42.65	7.812	28.12	燃烧温度 1500℃ 环境温度 0℃
原煤	1kg	5.808	20.91	0.7143	20.91	2.928	10.54	燃烧温度 700℃ 环境温度 0℃
洗精煤	1kg	7.317	26.34	0.9000	26.34	3.689	13.28	燃烧温度 700℃ 环境温度 0℃
热水（95℃/70℃）	1MJ	0.2778	1.000	0.03416	1.000	0.06435	0.2317	环境温度 0℃
热水（50℃/40℃）	1MJ	0.2778	1.000	0.03416	1.000	0.03927	0.1414	环境温度 0℃
饱和蒸汽（1.0MPa）	1MJ	0.2778	1.000	0.03416	1.000	0.09778	0.3520	环境温度 0℃

注：该表引自《建筑能耗数据分类及表示方法》JG/T 358-2012 的表 3。

其他注意事项：

1）集中空调系统：参照系统的设计新风量、冷热源、输配系统设备能效比等均应严格按照建筑节能标准选取，不应盲目提高新风量设计标准，不考虑风机、水泵变频、新风热回收、冷却塔免费供冷等节能措施。即便设计方案的新风量标准高于国家、行业或地方标准，参考建筑的新风量设计标准也不得高于国家、行业或地方标准。参照系统不考虑新风比增加等措施；

2）采用分散式房间空调器进行空调和供暖时，参照系统选用符合现行国家标准《房间空气调节器能效限定值及能效等级》GB 21455-2019 中规定的第 2 级产品，详见表 7.2.8-2～表 7.2.8-4；

表 7.2.8-2　热泵型房间空气调节器能效等级指标值

额定制冷量（CC）W	全年能源消耗效率（APF）				
	能效等级				
	1 级	2 级	3 级	4 级	5 级
CC≤4500	5.00	4.50	4.00	3.50	3.30
4500<CC≤7100	4.50	4.00	3.50	3.30	3.20
7100<CC≤14000	4.20	3.70	3.30	3.20	3.10

注：该表引自《房间空气调节器能效限定值及能效等级》GB 21455-2019 的表 1。

表 7.2.8-3　单冷式房间空气调节器能效等级指标值

额定制冷量（CC）W	制冷季节能源消耗效率（SEER）				
	能效等级				
	1 级	2 级	3 级	4 级	5 级
CC≤4500	5.80	5.40	5.00	3.90	3.70
4500<CC≤7100	5.50	5.10	4.40	3.80	3.60
7100<CC≤14000	5.20	4.70	4.00	3.70	3.50

注：该表引自《房间空气调节器能效限定值及能效等级》GB 21455-2019 的表 2。

表 7.2.8-4　低环境温度空气源热泵热风机能效等级指标值

名义制热量（HC）	制热季节性能系数（HSPF）		
	能效等级		
	1 级	2 级	3 级
HC≤4500	3.40	3.20	3.00
4500＜HC≤7100	3.30	3.10	2.90
7100＜HC≤14000	3.20	3.00	2.80

注：该表引自《房间空气调节器能效限定值及能效等级》GB 21455-2019 的表 3。

3）对于新风热回收系统，热回收装置机组名义测试工况下的热回收效率，全热焓交换效率制冷不低于 50%，制热不低于 55%，显热温度交换效率制冷不低于 60%，制热不低于 65%。需要考虑新风热回收耗电，热回收装置的性能系数（COP 值）大于 5（COP 值为回收的热量与附加的风机耗电量比值），超过 5 以上的部分为热回收系统的节能值；

4）对于设计方案采用低谷电蓄冷（蓄热）方案的，不应比较全年能耗费用；

5）对于没有设置空调供暖系统的住宅建筑，只需计算照明系统能耗。

对于已投入运行 1 年后的建筑，本条要求建筑实际能耗与现行国家标准《民用建筑能耗标准》GB/T 51161 及地方相关标准中规定的约束值进行比较，根据建筑实际运行能耗低于约束值的百分比进行节能率得分判断。同一建筑中包括办公、宾馆酒店、商场、停车库等的综合性公共建筑，其能耗指标约束值和引导值，应按《民用建筑能耗标准》GB/T 51161-2016 表 5.2.1 至表 5.2.4 所规定的各功能类型建筑能耗指标的约束值和引导值与对应功能建筑面积比例进行加权平均计算确定。需要说明的是，当建筑运行后实际人数、小时数等参数和现行国家标准《民用建筑能耗标准》GB/T 51161 中的规定值不同时，可对建筑实际能耗进行修正，具体的修正办法参考现行国家标准《民用建筑能耗标准》GB/T 51161 或地方相关标准。

7.2.9　结合当地气候和自然资源条件合理利用可再生能源，评价总分值为 10 分，按表 7.2.9 的规则评分。

表 7.2.9　可再生能源利用评分规则

可再生能源利用类型和指标		得分
由可再生能源提供的生活用热水比例 R_{hw}	$20\% \leq R_{hw} < 35\%$	2
	$35\% \leq R_{hw} < 50\%$	4
	$50\% \leq R_{hw} < 65\%$	6

续表

可再生能源利用类型和指标		得分
由可再生能源提供的生活用热水比例 R_{hw}	$65\% \leqslant R_{hw} < 80\%$	8
	$R_{hw} \geqslant 80\%$	10
由可再生能源提供的空调用冷量和热量比例 R_{ch}	$20\% \leqslant R_{ch} < 35\%$	2
	$35\% \leqslant R_{ch} < 50\%$	4
	$50\% \leqslant R_{ch} < 65\%$	6
	$65\% \leqslant R_{ch} < 80\%$	8
	$R_{ch} \geqslant 80\%$	10
由可再生能源提供电量比例 R_e	$0.5\% \leqslant R_e < 1.0\%$	2
	$1.0\% \leqslant R_e < 2.0\%$	4
	$2.0\% \leqslant R_e < 3.0\%$	6
	$3.0\% \leqslant R_e < 4.0\%$	8
	$R_e \geqslant 4.0\%$	10

【评价要点】

评价专业	评价要点	建议提交材料及要求
暖通空调	1. 审阅可再生能源提供的空调用冷/热量比例是否满足要求。可再生能源利用比例应为其净贡献量，即扣除冷却塔、输配系统等辅助能耗； 2. 审阅可再生能源方案是否合理；	1. 暖通空调专业竣工图-暖通空调设计说明：体现可再生能源系统设计情况； 2. 暖通空调专业竣工图-暖通空调平面图及系统图：体现可再生能源系统相关设备的位置及连接方式； 3. 暖通空调专业竣工图-空调热泵机房水系统流程图：体现可再生能源系统相关设备的连接方式； 4. 暖通空调专业竣工图-室外管线平面布置图（仅土壤源热泵系统提供）； 5. 空调方案分析报告：体现项目的负荷计算分析、设计方案、经济效益计算分析过程和结果（地源热泵系统应提供地源端的热平衡分析材料）；

续表

评价专业	评价要点	建议提交材料及要求
暖通空调	3. 审阅相关产品型式检验报告的产品参数是否满足要求。	6. 暖通空调专业竣工图-暖通空调设备清单：体现可再生能源系统相关设备的设计参数（如地源热泵机组的制冷量、功率、*COP* 等）； 7. 可再生能源设备（地源热泵、水源热泵机组等）产品说明、产品型式检验报告。
给水排水	1. 审阅可再生能源提供的生活热水比例是否满足要求； 2. 审阅可再生能源方案是否合理； 3. 审阅相关产品型式检验报告的产品参数是否满足要求。	1. 给水排水专业竣工图-给水排水设计说明：体现可再生能源系统设计情况； 2. 给水排水专业竣工图-给水排水平面图及系统图：明确可再生能源热水系统形式及设置； 3. 可再生能源热水方案分析报告； 4. 给水排水专业竣工图-太阳能集热板平面布置图（太阳能生活热水系统）/机房平面布置图（热泵提供生活热水）：体现集热板的位置/热泵的位置； 5. 可再生能源设备（太阳能集热板、空气源热泵等）产品说明、产品型式检验报告。
电气	1. 审阅可再生能源提供的电量比例是否满足要求； 2. 审阅可再生能源方案是否合理； 3. 审阅相关产品型式检验报告的产品参数是否满足要求。	1. 电气专业竣工图-电气设计说明：应体现可再生能源发电设计情况（系统形式、系统容量等）； 2. 电气专业竣工图-太阳能光伏发电板平面布置图：体现光伏发电板的位置和面积； 3. 电气专业竣工图-太阳能光伏发电系统组件连接图/逆变器； 4. 太阳能光伏发电方案分析报告：体现项目的设计方案、年发电量计算过程和结果、投资情况、经济效益分析过程和结果； 5. 太阳能光伏发电设备产品说明、产品型式检验报告。

【实施要点】

根据目前我国可再生能源在建筑中的应用情况，比较成熟的是太阳能热利用，即应用太阳能热水器供生活热水、采暖等，以及应用地热能直接采暖或者应用地源热泵系统进行采暖和空调。可根据各项目的具体情况，因地制宜地制定具体策略；

根据《北京市太阳能热水系统城镇建筑应用管理办法》（京建法〔2012〕3 号）相关规定，北京市行政区域内新建城镇居住建筑，宾馆、酒店、学校、医院、浴池、游泳馆等有生活热水需求并满足安装条件的新建城镇公共建筑，应当配备生活热水系统，并应优先采用工业余热、废热作为生活热水热源。不具备采用工业余热、废热的，应当安装太阳能热水系统，并实行与建筑主体同步规划设计、同步施工安装、同步验收交用。

根据《关于印发北京市进一步促进地热能开发及热泵系统利用实施意见》（京发改规〔2013〕10 号）相关规定，本市鼓励新建公共建筑和居民住宅楼使用热泵供暖系统，支持燃煤、燃油供暖锅炉利用热泵系统进行清洁改造；重点推进余热、土壤源、再生水（污水）热泵和深层地热资源的开发利用。

根据《关于进一步支持光伏发电系统推广应用的通知》（京发改规〔2020〕6 号）相关规定，在全面支持光伏发电发展基础上，按照高水平设计、高标准建设、高质量应用的原则，重点在民生、工商业、乡村、基础设施、公共机构等领域发展光伏应用，实施六大阳光工程。

对于可再生能源提供的生活热水比例，住宅可沿用根据住户比例的判别方式，但需校核太阳能热水系统的供热水能力是否与相应住户数量相匹配；对于公共建筑以及采用公共洗浴形式的宿舍等，应计算可再生能源对生活热水的设计小时供热量与生活热水的设计小时加热耗热量（见国家标准《建筑给水排水设计标准》GB 50015）的比例（其中已考虑贮水箱作用）。对于太阳能热水集热器总面积的计算，可按照北京市地方标准《民用建筑太阳能热水系统应用技术规程》DB11/T 461-2019 中的 4.3 节的有关规定进行计算。

对于可再生能源提供的空调用冷/热量，可计算设计工况下可再生能源供冷/热的冷热源机组（如地/水源热泵）的供冷/热量（将机组输入功率考虑在内）与空调系统总的冷/热负荷（冬季供热且夏季供冷的，可简单取冷量和热量的算术和）。

对于可再生能源提供的电量，可计算设计工况下发电机组（如光伏板）的输出功率与供电系统设计负荷之比。

Ⅲ 节水与水资源利用

7.2.10 使用较高用水效率等级的卫生器具，评价总分值为 15 分，并按下列规则评分：

1 全部卫生器具的用水效率等级达到 2 级，得 8 分。

2 50%以上卫生器具的用水效率等级达到 1 级且其他达到 2 级，得 12 分。

3 全部卫生器具的用水效率等级达到 1 级，得 15 分。

【评价要点】

评价专业	评价要点	建议提交材料及要求
给水排水	1. 审阅给水排水设计说明中是否包含对于卫生器具的节水要求和相应的参数或标准； 2. 审阅给水排水设备材料表中是否体现节水器具、设备的选用类型和数量； 3. 审阅节水器具设备采购清单、设备入场清单； 4. 审阅节水器具产品说明书、产品节水性能检测报告等； 5. 审阅给水排水设备进场复验记录。	1. 给水排水专业竣工图-给水排水设计说明：应体现卫生间、浴室等节水器具、设备的选用； 2. 给水排水专业竣工图-给水排水设备材料表：应体现节水器具、设备的选用类型和数量； 3. 节水器具设置比率计算书； 4. 节水器具设备采购清单或设备入场清单； 5. 给水排水器具、设备的产品说明书和节水性能检测报告：应体现节水器具、设备用水特性和第三方出具的器具、设备节水性能检测结果（指标要求与自评一致）； 6. 给水排水设备进场复验记录：应体现节水器具、设备的选用类型和数量，应与图纸一致。

【实施要点】

设计时可参照国家现行标准《水嘴水效限定值及水效等级》GB 25501、《坐便器水效限定值及水效等级》GB 25502、《智能坐便器能效水效限定值及等级》GB 38448、《小便器水效限定值及水效等级》GB 28377、《淋浴器水效限定值及水效等级》GB 28378、《蹲便器水效限定值及水效等级》GB 30717、《便器冲洗阀用水效率限定值及用水效率等级》GB 28379 的相关规定，在设计文件中要注明对卫生器具的节水要求和相应的参数或标准。

实施过程中根据设计要求采购合格的节水器具，对节水性能进行检测。

7.2.11 绿化灌溉及空调冷却水系统采用节水设备或技术，评价总分值为 12 分，并按下列规则分别评分并累计：

1 绿化灌溉采用节水设备或技术，并按下列规则评分：

1）采用节水灌溉系统，得 4 分；

2）在采用节水灌溉系统的基础上，设置土壤湿度感应器、雨天自动关闭装置等节水控制措施，或种植无须永久灌溉植物，得 6 分。

2　空调冷却水系统采用节水设备或技术，并按下列规则评分：

1）循环冷却水系统采取设置水处理措施、加大集水盘、设置平衡管或平衡水箱等方式，避免冷却水泵停泵时冷却水溢出，得3分；

2）采用无蒸发耗水量的冷却技术，得6分。

【评价要点】

评价专业	评价要点	建议提交材料及要求
给水排水	1. 审阅给水排水设计竣工图说明、景观设计竣工图说明、室外给水排水平面竣工图、绿化灌溉平面竣工图，当90%以上的绿化面积采用了高效节水灌溉方式或节水控制措施时，方可判定第1款得4分；当50%以上的绿化面积采用了无需永久灌溉植物，且其余部分绿化在采用节水灌溉系统的基础上，设置土壤湿度感应器、雨天自动关闭装置等节水控制措施时，方可判定第1款得6分； 2. 审阅节水灌溉设备材料表是否满足节水灌溉要求； 3. 审阅景观设计竣工图（含苗木表、当地植物名录等）所选用的无需永久灌溉植物是否满足要求。	1. 给水排水竣工图-设计说明：明确绿化灌溉系统的具体节水措施形式； 2. 室外给水排水总平面竣工图：应明确绿化灌溉系统的具体节水措施形式，如绿化灌溉由景观深化设计应提出相应的节水措施要求； 3. 绿化灌溉竣工图：明确节水灌溉产品的设备材料表，应体现采用绿化灌溉节水措施区域的范围及面积比例； 4. 景观竣工图-设计说明：明确苗木表、当地植物名录等，明确非永久性灌溉植物的名称及所占面积比例； 5. 景观竣工图-设施详图：明确绿化灌溉喷头类型及相关参数； 6. 节水灌溉产品说明书及检测报告； 7. 绿化管理记录：应包括绿化养护、灌溉用水情况，化学品的使用情况； 8. 绿化管理制度：包括绿化养护制度、绿化用水计量、节水型灌溉系统运行策略，杀虫剂、除草剂、化肥、农药等化学物的使用制度等内容； 9. 用水量记录报告：包括项目运行期间各用水部门全年逐月用水量记录、非传统水源用水量记录（指标要求与自评一致）。

续表

评价专业	评价要点	建议提交材料及要求
暖通空调	1. 审阅是否设置空调设备或系统： 若未设置空调设备或系统，第 2 款可直接得 6 分；若设置，但由项目边界外的集中能源站供冷，集中能源站的节水冷却技术需满足第 2 款相关要求，方可判定相应得分。 2. 审阅空调设备或系统是否采用无蒸发耗水量的冷却技术以及具体形式： 整个项目的所有空调设备或系统均无蒸发耗水量时，方可判定得 6 分。“无蒸发耗水量的冷却技术”包括采用分体空调、风冷式冷水机组、风冷式多联机、地源热泵、干式运行的闭式冷却塔等。 3. 审阅循环冷却水系统是否采取设置水处理措施、加大集水盘、设置平衡管或平衡水箱等节水技术，并审阅节水技术和水质处理措施。	1. 暖通空调竣工图-设计说明：明确空调冷热源形式、空调冷却技术及循环冷却水系统节水方式，如循环冷却水系统采取设置水处理措施、加大集水盘、设置平衡管或平衡水箱等方式； 2. 暖通空调竣工图-冷源系统图、冷却塔平面布置图：体现与设计说明对应的循环冷却水节水措施，如标注集水盘容量、平衡管管径、平衡水箱容量等； 3. 暖通空调竣工图-主要设备材料表：体现空调冷源形式、冷却塔设备参数； 4. 产品说明书、产品节水性能检测报告：包括节水产品说明书，体现节水设备用水特性。

【实施要点】

针对第 1 款，设计时可参照《节水型林地、绿地建设规程》DB11/T 1502 的相关规定，应根据种植植物的特点采用相应的灌溉形式。在设计文件中明确具体的节水灌溉方式、节水灌溉面积等内容。当选用无须永久灌溉植物时，设计文件中应明确是否属无须永久灌溉植物，提供当地植物名录，说明所选植物的耐旱性能；

针对第 2 款，设计时可参照《民用建筑节水设计标准》GB 50555、《公共建筑节能设计标准》DB11/687 以及《循环冷却水节水技术规范》GB/T 31329 的相关规定，遵循因地制宜的原则，选用适宜的空调系统及对应的冷却水节水技术，在设计文件中明确空调设备或系统形式，以及具体的空调冷却水节水技术措施；施工中注意按照设计文件要求采购、安装相关设备或系统，保留对应的采购清单、产品说明及相关检验报告等实施资料。

7.2.12　结合雨水综合利用设施营造室外景观水体，室外景观水体利用雨水的补水量大于水体蒸发量的60%，且采用保障水体水质的生态水处理技术，评价总分值为8分，并按下列规则分别评分并累计：

1　对进入室外景观水体的雨水，利用生态设施削减径流污染，得4分；

2　利用水生动、植物保障室外景观水体水质，得4分。

【评价要点】

评价专业	评价要点	建议提交材料及要求
给水排水	1. 审阅水资源利用方案是否完整； 2. 审阅用水量记录报告中是否包含各用水部门全年逐月用水量记录和非传统水源用水量记录； 3. 审阅非传统水源利用率计算书； 4. 审阅给水排水竣工图设计说明是否对水景补水水源进行了说明，补水水质标准、水质保障措施是否完善； 5. 审阅室外给水排水平面竣工图中水景补水水源是否是雨水，是否体现雨水径流组织、生态设施削减、断接情况； 6. 审阅景观给水排水竣工图设计说明中水景补水水源是否是雨水； 7. 审阅景观给水排水平面竣工图中水景补水水源是否是雨水，其补水计量是否设置； 8. 审阅景观设施竣工详图中雨水处理设施做法是否完善； 9. 审阅雨水利用计算书； 10. 审阅景观水体补水用水计量运行记录是否为全年逐月月水量记录；	1. 水资源利用方案：明确项目非传统水源利用设计方案、非传统水源实际利用情况、设计与运行阶段非传统水源利用方案差异分析说明； 2. 用水量记录报告：明确项目运行期间各用水部门全年逐月用水量记录、非传统水源用水量记录； 3. 非传统水源利用率计算书：明确项目设计非传统水源利用率计算、实际运行非传统水源利用率计算、设计阶段与运行阶段非传统水源利用率差异分析说明； 4. 给水排水竣工图-设计说明：注明水景补水水源说明、补水水质标准、水质保障措施； 5. 室外给水排水竣工图-平面图：明确水景补水水源，体现雨水径流组织、生态设施削减、断接情况； 6. 景观给水排水竣工图-设计说明：明确水景补水水源； 7. 景观给水排水竣工图-平面图：明确水体景观补水水源、补水计量；

续表

评价专业	评价要点	建议提交材料及要求
给水排水	11. 审阅非传统水源水质检测报告是否满足水质标准要求； 12. 审阅室外总平面竖向图、场地铺装平面图、种植图、水景详图等景观设计文件中是否含有水生动、植物净化水体相关设计； 13. 不设室外景观水体的项目，本条得 8 分；室外景观水体的补水没有利用雨水或雨水利用量不满足要求时，本条不得分。	8. 景观雨水生态处理设施竣工详图：注明雨水处理设施做法； 9. 雨水利用计算书：明确项目所在地气候条件（逐月蒸发量、降雨量）、汇水区域径流系数、雨水收集设施规模及设置形式、雨水可回用量、景观水体形式及所需补水量、雨水回用量和其他补水水源用水量等计算内容，设计与运行阶段雨水利用系统差异分析说明； 10. 室外总平面竖向图、场地铺装平面图、种植图：明确水生动植物配置要求； 11. 景观水体补水用水计量运行记录：明确项目运行期间景观水体补水全年逐月用水量记录； 12. 非传统水源水质检测报告。

【实施要点】

北京作为缺水地区和降雨量少的地区应谨慎考虑设置室外景观水体，室外景观水体的设计应通过技术经济可行性论证确定规模和具体形式；

实施过程中根据设计要求优先采用雨水作为补水水源并进行用水计量，对补水水源进行定期检测。

7.2.13 使用非传统水源，评价总分值为 15 分，并按下列规则分别评分并累计：

1 绿化灌溉、车库及道路冲洗、洗车用水采用非传统水源的用水量占其总用水量的比例不低于 40%，得 3 分；不低于 60%，得 5 分；

2 冲厕采用非传统水源的用水量占其总用水量的比例不低于 30%，得 3 分；不低于 50%，得 5 分；

3 冷却水补水采用非传统水源的用水量占其总用水量的比例不低于 20%，得 3 分；不低于 40%，得 5 分。

【评价要点】

评价专业	评价要点	建议提交材料及要求
给水排水	1. 审阅绿化灌溉、车库及道路冲洗、洗车用水采用非传统水源的用水量占其总用水量的比例； 2. 审阅冲厕采用非传统水源的用水量占其总用水量的比例； 3. 审阅冷却水补水采用非传统水源的用水量占其总用水量的比例。	1. 非传统水源利用计算书：应包含项目各用水部门设计需用水量、设计非传统水源利用量、非传统水源可利用量、非传统水源利用率计算等； 2. 给水排水专业竣工图-给水排水设计说明：应包含非传统水源系统设计施工说明、防误接误用措施说明、水质保障措施说明、非传统水源系统设备材料表； 3. 给水排水专业竣工图-供水机房设计详图：应包含非传统水源处理/供水机房平面布置、剖面或系统原理示意、设备材料表； 4. 市政再生水（中水）供水协议； 5. 非传统水源用水量记录； 6. 非传统水源水质检测报告。

【实施要点】

1. 设计时由设计人员按照条文要求根据设计资料编制非传统水源用水量计算书；
2. 实施时由运营人员制定科学完善的运行管理制度，在项目运行期间对用水计量数据应有准确、规律的记录及分析报告。

Ⅳ　节材与绿色建材

7.2.14　建筑所有区域实施土建工程与装修工程一体化设计及施工，评价分值为8分。

【评价要点】

评价专业	评价要点	建议提交材料及要求
建筑、建材	1. 审阅建筑所有区域是否实施土建工程与装修工程一体化设计；	1. 建筑、结构、机电、装修各专业竣工图； 2. 工程决算材料清单；

续表

评价专业	评价要点	建议提交材料及要求
建筑、建材	2. 审阅工程预算材料清单是否包含各阶段内容及是否匹配； 3. 审阅土建与装修工程是否一体化施工。	3. 土建与装修一体化施工方案。

【实施要点】

实施过程中，可由建设单位统一组织建筑主体工程和装修施工，也可由建设单位提供菜单式的装修做法供业主选择，统一进行图纸设计、材料购买和施工。在选材和施工方面尽可能采取工业化制造，使用具备稳定性、耐久性、环保性、通用性的设备和装修装饰材料，以便在工程竣工验收时室内装修一步到位，避免破坏建筑构件和设施。

7.2.15 合理选用建筑结构材料与构件，评价总分值为 10 分，并按下列规则评分：

1 混凝土结构，按下列规则分别评分并累计：

1）400MPa 级及以上强度等级受力钢筋应用比例达到 85%，得 5 分；

2）混凝土竖向承重结构采用强度等级不小于 C50 混凝土用量占竖向承重结构中混凝土总量的比例达到 50%，得 5 分。

2 钢结构，按下列规则分别评分并累计：

1）Q355 及以上钢材用量占钢材总量的比例达到 50%，得 3 分；达到 70%，得 4 分；

2）螺栓连接等非现场焊接节点占现场全部连接、拼接节点的数量比例达到 50%，得 4 分；

3）采用施工时免支撑的楼屋面板，得 2 分。

3 混合结构，对其混凝土结构部分、钢结构部分，分别按本条第 1 款、第 2 款进行评价，得分取各项得分的平均值。

【评价要点】

评价专业	评价要点	建议提交材料及要求
结构、建材	审阅结构专业竣工图、高强度材料用量比例计算书、非现场焊接节点比例计算书、高强材料性能检测报告和材料决算清单中有关钢材、钢筋、混凝土的使用情况；	1. 结构专业竣工图； 2. 工程决算材料清单； 3. 高强度钢使用率计算书及高强度钢出厂质量证明、进场复验报告；

续表

评价专业	评价要点	建议提交材料及要求
结构、建材	1. 对混凝土结构，需提供混凝土竖向承重结构中高强混凝土的使用比例计算书、高强钢筋的使用比例计算书； 2. 对于钢结构，需提供高强度钢的使用比例计算书、非现场焊接节点比例计算书和楼屋面板竣工图； 3. 对于混合结构，需提供高强钢筋、高强混凝土和高强度钢的比例计算书、非现场焊接节点比例计算书和楼屋面板竣二图。	4. 竖向承重结构中高强度等级混凝土比例计算书及混凝土检验报告单； 5. 非现场焊接节点使用比例计算书及节点材料进场复验报告； 6. 采用免支撑的楼屋面板竣工图、施工方案或进场材料复验报告。

【实施要点】

1. 本条共三款，评价时按材料结构类型对应的条款评价。其中，第 1 款又分对钢筋、混凝土两项进行评价，每项最高得分均为 5 分，取两项得分之和作为该款得分；第 2 款分对钢材、连接节点和楼屋面板三项进行评价，每项最高得分为 4 分、4 分和 2 分，取三项得分之和作为该款得分；

2. 符合规范的抗拉强度设计值不低于 360MPa 的钢筋，如 HRB400 级钢筋、冷拉钢筋、冷轧扭钢筋及高强预应力钢丝（索）等均可视作符合本条高强度要求的钢筋；

3. 符合规范的抗拉强度设计值不低于 295MPa 的钢材（如厚度不大于 40mm 的 Q355 级钢及 Q355GJC 钢），可视作高强度钢材；

4. 对于改造项目，允许仅统计新投入的材料用量，以避免为满足本条而盲目拆改旧结构（换成高强钢、高性能混凝土）而造成浪费；

5. 关于第 1 款 1）中的“受力钢筋”，此处仅代指楼板中除架立筋、墙/柱/梁中除拉结筋、建筑隔墙构造柱中除箍筋等构造钢筋之外的主要参与受力计算的钢筋，并不指该钢筋实际是否受力；

6. 设计阶段应在技术经济合理的前提下，尽量采用高强度结构材料，钢结构连接节点应尽量采用非现场焊接节点；

7. 施工阶段需进行材料代换时，必须经设计单位书面同意，并确保在合理的前提下，尽量采用高强度结构材料；

8. $非现场焊接节点使用比例=\frac{非现场焊接节点数量}{现场钢结构节点总数}\times 100\%$。

7.2.16 **建筑装修选用工业化内装部品，评价总分值为 8 分。建筑装修选用工业化内装部品占同类部品用量比例达到 50%以上的部品种类，达到 1 种，得 3 分；达到 3 种，得 5 分；达到 3 种以上，得 8 分。**

【评价要点】

评价专业	评价要点	建议提交材料及要求
结构、建材	1. 审阅建筑、装修专业竣工图和设计说明、内装方案设计与建筑方案设计是否同步进行； 2. 审阅选用产品清单、现场照片； 3. 对于卫生间，吊顶、墙面、地面以及各类卫浴器具均进行了整体集成设计，在现场以干式工法为主安装到位时，可视为集成卫生间。对于厨房，在考虑建筑功能及使用对象的前提下，对各类炊具设备进行整体集成，并对吊顶、墙面、地面等进行模数化设计或整体集成，在现场以干式工法为主安装到位时，可视为集成厨房； 4. 管线集成与设备设施，主要指内装修分部工程所包含的管线与设备设施。对一个标准单元（如居住建筑为一套，公共建筑为一个标准空间等）内所采用的管线和设备设施的安装方式，是以工厂为主，现场只做简单连接，如快插给水管线系统，即可视为使用了一种工业化内装部品。	1. 建筑及装修专业竣工图； 2. 工业化内装部品竣工图、设计说明； 3. 工业化内装部品用量比例计算书及统计表。

【实施要点】

1. 设计阶段：

1）应采用土建装修一体化设计，内装方案设计与建筑方案设计同步进行，大力推行装配式装修等工业化装修方式；

2）对于卫浴间，吊顶、墙面、地面以及各类卫浴器具进行整体集成并一次性安装到位；

3）对于厨房，在考虑建筑功能及使用对象的前提下，对各类炊具设备进行整体集成，并对吊顶、墙面、地面等进行模数化设计或整体集成。

2. 施工阶段：

1）注意装配式装修与传统装修的不同，尽量避免将装修分部分项分开找不同的单位实施；

2）注意审核装修施工图，并监督施工。

7.2.17 选用可再循环材料、可再利用材料及利废建材，评价总分值为12分，并按下列规则分别评分并累计：

1 可再循环材料和可再利用材料用量比例，按下列规则评分：

1）住宅建筑达到6%或公共建筑达到10%，得3分；

2）住宅建筑达到10%或公共建筑达到15%，得6分。

2 利废建材选用及其用量比例，按下列规则评分：

1）采用一种利废建材，其占同类建材的用量比例不低于50%，得3分；

2）选用两种及以上的利废建材，每一种占同类建材的用量比例均不低于30%，得6分。

【评价要点】

评价专业	评价要点	建议提交材料及要求
结构、建材	1. 审阅可再循环材料、可再利用材料应用的种类、数量及应用比例，可再循环材料不包括电梯、暖通空调等设备； 2. 审阅可再利用材料的安全、环保性能是否满足相关要求； 3. 审阅利废建材的废弃物掺加量不应低于30%。	1. 工程决算材料清单； 2. 可再循环材料和再利用材料使用率计算书、利废材料使用率计算书； 3. 可再利用材料、利废材料的相关产品检测报告； 4. 建筑专业竣工图； 5. 利废材料中废弃物掺量说明及证明材料。

【实施要点】

1. 设计过程中应关注使用材料的可再循环性和可再利用性，尽量选用可再循环的建筑材料和可再利用建筑材料，并注意可再利用材料的耐久性、安全问题和环境污染问题；

2. 施工阶段在保证安全和不污染环境的前提下，采购满足设计要求的可再循环的建筑材料和可再利用材料；

3. 在设计和施工过程中尽量多地使用以废弃物为原料生产的建筑材料，如以工业废弃物、农作物秸秆、建筑垃圾、淤泥等为原料生产的水泥、混凝土、墙体材料、保温材料、路面材料等，以及生活废弃物经处理后制成的建筑材料。30%的依据源于发改委关于资源综合利用补贴退税的一项技术要求，后来现行国家标准《绿色建材评价 墙体材料》GB/T 35605-2017 对废弃物的掺加量要求都高于 30％；北京市地方标准《建筑垃圾再生产品应用技术规程》DB11/T 1975-2022 对再生骨料混凝土、再生骨料砂浆中再生骨料的掺加量要求不低于 30％。

7.2.18 选用绿色建材，评价总分值为 12 分。绿色建材应用比例不低于 30％，得 4 分；不低于 50％，得 8 分；不低于 70％，得 12 分。

【评价要点】

评价专业	评价要点	建议提交材料及要求
结构、建材	审阅相关竣工图、检测报告、工程决算材料清单、绿色建材标识证书、工程采购合同、施工记录、绿色建材使用比例计算书等的一致性。	1. 建筑、土建、装修等专业的竣工图：包括建筑设计或装修设计材料做法表； 2. 工程决算材料清单； 3. 建材产品性能检测报告； 4. 工程采购合同； 5. 绿色建材标识证书； 6. 绿色建材使用比例计算书； 7. 施工记录：包括应用的各类绿色建材的施工记录。

【实施要点】

本条中“用量”是根据建筑材料和制品的种类确定的质量、面积、体积、长度或件数等确定，“同类建筑材料”应以所有相似部位且功能相近的一大类材料作为基数；

在设计和施工过程中，应优先选用获得绿色建材评价标识的产品。施工阶段应采购满足设计要求的获得绿色建材标识的产品。

8 环境宜居

概 述

Ⅰ 评价内容和特点

北京城市总体规划中明确指出，要坚持以人民为中心的发展思想，不断提升城市发展质量、人居环境质量、人民生活品质，要建设国际一流的和谐宜居之都，把北京建设成为人民幸福安康的美好家园。现行绿色建筑评价标准将环境宜居作为关键评价指标类别之一，体现了绿色建筑“以人为本”的核心要求。

本章条款总数为 16 条，其中控制项 7 条，评分项 9 条，章节总得分为 100 分。控制项涉及日照、室外热环境、绿化种植、场地雨水控制、建筑标识、污染物排放和生活垃圾等相关要求，必须满足。评分项包含场地生态与景观、室外物理环境两个方面。在场地生态与景观方面，提出了对场地生态环境保护与修复、场地年径流总量控制率、绿化用地、室外吸烟区、绿色雨水基础设施等方面的评价内容。在室外物理环境方面，提出了室外声环境、光环境、风环境和热环境的评价内容。

Ⅱ 评分指标体系

评分指标体系表

项目类别		条文号	评分指标	满分分值	满足基本政策标准规定应得分数		满足一星级建议最低得分		评分情况说明
					居建	公建	居建	公建	
评分项	Ⅰ 场地生态与景观（60 分）	8.2.1	保护或修复场地生态环境	10	0	0	10	10	中 原因说明： 1. 无政策标准规定； 2. 综合技术实施难度和增量成本（表层土利用、生态恢复或补偿措施），地域差异性（生态本底条件）等，本条款整体判定难度为“中”。

续表

项目类别		条文号	评分指标	满分分值	满足基本政策标准规定应得分数		满足一星级建议最低得分		评分情况说明
					居建	公建	居建	公建	
评分项	Ⅰ场地生态与景观（60分）	8.2.2	场地年径流总量控制率	10	10	10	10	10	易 原因说明： 1. 满足基本政策标准规定应得分数，依据北京市地方标准《雨水控制与利用工程设计规范》DB11/685-2013 第 4.2.3 条场地年径流总量控制率，“应”； 2. 本条款整体判定难度为“易”。
		8.2.3	合理设计绿化用地	16	2	0	2	0	难 原因说明： 1. 满足基本政策标准规定应得分数，依据现行国家标准《城市居住区规划设计规范》GB 50180-2018 第 4.0.7 条居住街坊内集中绿地，“应”； 2. 考虑技术实施难度（提高绿地率）、地域差异性（部分类型不宜公众开放），本条款整体判定难度为“难”。
		8.2.4	室外吸烟区布局	9	0	0	9	9	中 原因说明： 1. 无政策标准规定； 2. 综合技术实施难度（场地实施条件）、增量成本（配置座椅和垃圾桶）等，本条款整体判定难度为“中”。
		8.2.5	合理设置绿色雨水基础设施	15	6	6	6	6	中 原因说明： 1. 满足基本政策标准规定应得分数，依据北京市地方标准《雨水控制与利用工程设计规范》DB11/685-2013 第 4.2.3 条下凹式绿地比例，“应”；透水铺装率，“应”； 2. 综合技术实施难度（屋面和道路雨水流入地面生态设施）、增量成本（透水铺装）等，本条款整体判定难度为“中”。

续表

项目类别		条文号	评分指标	满分分值	满足基本政策标准规定应得分数		满足一星级建议最低得分		评分情况说明
					居建	公建	居建	公建	
评分项	Ⅱ室外物理环境（40分）	8.2.6	优化场地环境噪声	10	0	0	0	0	中 原因说明： 1. 比政策标准规定要求提高； 2. 考虑地域差异性（场地环境噪声条件）等，本条款整体判定难度为“中”。
		8.2.7	避免产生光污染	10	10	10	10	10	易 原因说明： 1. 满足基本政策标准规定应得分数，依据现行国家标准《玻璃幕墙光热性能》GB/T 18091-2015第4.3、4.4条可见光反射比，“应”；《城市夜景照明设计规范》JGJ/T 163-2008第7.0.2条光污染要求，“应”；《室外照明干扰光限制规范》GB/T 35626-2017的要求，“应”； 2. 本条款整体判定难度为“易”。
		8.2.8	室外风环境	10	0	0	5	5	中 原因说明： 1. 无政策标准规定； 2. 综合技术实施难度、增量成本（建筑布局优化风环境），地域差异性（场地周边风环境）等，本条款整体判定难度为“中”。
		8.2.9	降低热岛强度	10	0	0	4	4	中 原因说明： 1. 无政策标准规定； 2. 综合技术实施难度、增量成本（增加遮荫措施、加行道树）等，本条款整体判定难度为“中”。

评价条款

8.1 控制项

8.1.1 建筑规划布局应满足日照标准，且不得降低周边建筑的日照标准。

【评价要点】

评价专业	评价要点	建议提交材料及要求
建筑、规划	1. 审阅场地内建筑布局与间距是否符合北京市建设工程规划设计要求及相关标准规定； 2. 审阅场地外的周边建筑和场地日照是否受到影响； 3. 若场地内建筑及周边建筑没有相关日照标准要求，则符合城乡规划的要求即可判定达标。	1. 规划批复文件：包括建设用地相关批准文件、建设工程规划许可证； 2. 建筑专业竣工图-总平面图：注明清晰的红线，以及能反映本地块与周边地块及建筑的空间相邻关系，包括建筑的使用功能、距离、高度等； 3. 日照模拟分析报告。

【实施要点】

场地设计时应合理规划建筑布局与间距，满足北京市建设工程规划设计和相关标准对于建筑间距和日照的要求。根据现行国家标准《城市居住区规划设计规范》GB 50180，北京地区执行Ⅱ气候区大城市的要求。

应关注场地内建筑与周边建筑的相邻关系，避免对相邻住宅、幼儿园、老年人照料设施等有日照标准要求的建筑产生不利的日照遮挡。

当场地内建筑或周边建筑有量化的日照时数要求时，应进行模拟分析。

日照模拟分析软件应采用北京市规划审批部门认可的计算软件对最低日照时数进行模拟计算。日照模拟计算应符合现行国家标准《建筑日照计算参数》GB/T 50947 和现行北京市地方标准《建筑日照计算参数》DB11/T 1627 的要求，日照计算分析报告的内容应符合行业标准《民用建筑绿色性能计算标准》JGJ/T 449-2018 附录 A 的要求。

8.1.2　室外热环境应满足国家现行有关标准的要求。

【评价要点】

评价专业	评价要点	建议提交材料及要求
建筑物理、规划	1. 审阅建筑总平面图中场地通风、遮阳情况是否有利于改善室外热环境； 2. 审阅景观专业户外场地绿化、构筑物遮阳等是否满足设计要求； 3. 审阅其他降低室外热环境措施应用情况； 4. 审阅场地热环境计算报告中夏季平均迎风面积比和夏季户外活动场地遮阳覆盖率是否满足《城市居住区热环境设计标准》JGJ 286 中强制性条文要求； 5. 公共建筑或项目处于非居住区规划范围内，符合北京市城乡规划的要求，即为达标。	1. 规划批复文件：包含绿地率、建筑密度的规划要求； 2. 建筑专业竣工图-总平面图；包含绿地率指标、各类绿地面积和布置情况、场地绿化遮阳、构筑物遮阳布置情况； 3. 建筑专业竣工图-建筑设计说明：明确反映室外热环境强制性要求的相关指标要求，包括夏季平均迎风面积比和活动场地的遮阳覆盖率； 4. 场地热环境计算报告：根据《城市居住区热环境设计标准》JGJ 286 对夏季平均迎风面积比和夏季户外活动场地遮阳覆盖率进行计算； 5. 景观专业竣工图-苗木种植图、构筑物设计详图等。

【实施要点】

本条要求参评项目按现行行业标准《城市居住区热环境设计标准》JGJ 286 进行热环境设计，满足其强制性条文要求，主要控制夏季平均迎风面积比和活动场地的遮阳覆盖率两项指标。城市居住区是指城市中住宅建筑相对集中布局的地区，简称居住区。规划设计时，应尽可能地改善项目所在区域的通风和遮阳条件。通过良好的场地风环境、充足的遮阳措施、合理的绿化设计等提高环境舒适度，可结合本章 8.2.9 条进行场地的整体热环境设计。

8.1.3　配建的绿地应符合所在地城乡规划的要求，应合理选择绿化方式，植物种植应适应当地气候和土壤，且应无毒害、易维护，种植区域覆土深度和排水能力应满足植物生长需求，并应采用复层绿化方式。

【评价要点】

评价专业	评价要点	建议提交材料及要求
建筑、规划	1. 审阅绿地区域和面积，核查绿地率是否满足上位规划要求，对于规划指标中无绿地率的项目可按符合规划要求判定； 2. 审阅是否合理采用绿化方式，包括是否合理设置屋顶绿化或垂直绿化，是否采用复层绿化方式，且绿化区域的覆土深度和排水能力能否满足植物的生长需求； 3. 审阅植物是否选用当地物种，且无毒害、易维护； 4. 住宅建筑审阅每 $100m^2$ 绿地上的乔木数量是否不少于 3 株。	1. 规划批复文件：包含绿地率的规划要求； 2. 建筑专业竣工图-建筑剖面图：体现场地中地下室顶板覆土绿化的覆土深度； 3. 景观专业竣工图-设计说明或总平面图：包含绿地率指标、各类绿地面积（实土绿地、覆土绿地等）和位置，以及覆土深度等； 4. 景观专业竣工图-苗木表、种植平面图：住宅建筑包括每 $100m^2$ 绿地配置乔木的数量，公共建筑包括屋顶绿化或垂直绿化； 5. 景观专业竣工图-种植构造节点：应包含主要植物的覆土深度和排水构造； 6. 植物订购合同； 7. 苗木采购清单或苗木出圃证明； 8. 现场影像资料：应能体现场地总体绿地建设情况。

【实施要点】

项目建筑专业和景观专业设计时，应保证绿地率满足城乡规划的配建要求。覆土绿化和屋顶绿化应根据项目需要给植被预留足够的覆土厚度，并确保足够的排水能力，防水层应选择阻根防水材料。外墙垂直绿化包括沿外墙种植藤本植物、设置外墙植物花架、模块式垂直绿化等形式，适合在西向、东向、南向的低处种植。

北京市地方标准《园林绿化种植土壤技术要求》DB11/T 864-2020 第 4.1.2 条给出了有效土层厚度要求。景观专业设计阶段在选择北京地区适宜的植物种类时，可以依据《环境景观——绿化种植设计》03J012-2 中的北京常用园林植物、《居住区绿地设计规范》DB11/T 214-2016 中的“表 C.1 北京地区居住区绿化常用园林植物种类一览表”、《园林绿化用植物材料 木本苗》DB11/T 211-2017

中的附录 A～附录 E 所给出的北京市城市园林绿化常用植物、《屋顶绿化规范》DB11/T 281-2015 中的“附录 B 北京市屋顶绿化常用植物材料参考名录”，以及其他官方提供的北京地区常用植物列表进行选择。

8.1.4　场地的竖向设计应有利于雨水的收集或排放，应有效组织雨水的下渗、滞蓄或再利用；对大于 $10hm^2$ 的场地应进行雨水控制利用专项设计。

【评价要点】

评价专业	评价要点	建议提交材料及要求
给水排水、规划	1. 审阅是否按条文要求编制雨水控制利用专项设计或方案； 2. 对于场地小于 $10hm^2$ 的建设项目，应审阅其雨水综合控制利用方案中的控制目标、径流总量、外排流量等主要指标的计算书是否完备，控制措施是否可行； 3. 对于场地大于 $10hm^2$ 的建设项目，除审阅主要指标的计算书和控制措施外，还应审阅其雨水控制利用专项设计的图纸是否完备、内容是否完善，透水铺装比例、雨水调蓄设施的规模和位置、竖向设计等内容是否在图纸中表示。	1. 雨水控制利用专项设计（或雨水综合控制利用方案）：包含规划依据、原则、范围、标准、目标、雨水系统平面图、剖面图，以及年径流总量控制率计算书、设计控制雨量计算书等相关资料；雨水综合控制利用方案包括雨水控制、利用措施，及年径流总量控制率计算书、设计控制雨量计算书等相关资料； 2. 建筑专业竣工图-场地竖向设计图：体现场地竖向设计、建筑、道路、绿地、广场布置等，汇水面积、径流途径等； 3. 给水排水专业竣工图-雨水设计平面图：体现屋面雨水、道路雨水进入地面生态设施，或进行有组织径流收集、处理、排放等； 4. 景观专业竣工图-绿地、铺装、道路等设计图：体现下凹绿地、雨水花园等生态设施的位置和面积，以及室外透水地面位置、面积、铺装材料等。

【实施要点】

设计时，规划、建筑、给水排水、景观等专业应协调配合，共同参与。合理进行场地竖向、汇水分区、绿色雨水基础设施布局、雨水径流组织等内容的设计，明确主要设计参数。景观专业应严格遵守竖向设计和雨水控制与利用专项设计或方案的主要技术路线和关键参数，可结合场地情况适当灵活调整设施布局，但应确保年径流总量控制率不低于目标值。

8.1.5 建筑内外均应设置便于识别和使用的标识系统。

【评价要点】

评价专业	评价要点	建议提交材料及要求
建筑	1. 审阅建筑室外和室内是否均设置标识系统（包括导向标识和定位标识等）； 2. 审阅标识的形态和安装位置是否易于辨识； 3. 审阅居住区和公共建筑群的场地主出入口处是否设置总平面布置图等。	1. 标识系统设计文件：标识系统设计说明、标识设计列项清单、室外和室内标识布点及各类标识设计详图等； 2. 现场影像资料：典型的通行导向标识、服务导向标识和应急导向标识等。

【实施要点】

公共建筑的标识设计应执行《公共建筑标识系统技术规范》GB/T 51223-2017，住宅建筑可以参考执行。标识系统设计时，应综合考虑使用者的需求，结合室内外空间功能、使用流线、物业管理等方面进行整体规划布局，并根据服务对象的人机工程学参数，合理确定标识的点位、空间位置、型式和版面。标识系统的设计、安装宜与室内外装修设计、施工同步进行。标识使用过程中，应定期对标识设施进行维护与保养，包括日常保洁保养、定期信息更新以及维修更换等。

8.1.6 场地内不应有排放超标的污染源。

【评价要点】

评价专业	评价要点	建议提交材料及要求
规划、物业管理	1. 审阅场地内运营期各类污染物排放所采取的控制措施，且污染物治理设施是否运转正常； 2. 审阅废水、废气的排放是否超标； 3. 审阅垃圾是否分类收集并及时清运；	1. 环境影响评价书（表）或环境影响自评估报告； 2. 治理措施分析报告：包括对污染物防治的措施分析及落实情况； 3. 相关专业竣工图：根据涉及的污染物类型，提供涉及建筑专业、暖通专业和给排水专业的相关图纸和设计说明，落实对各类污染物所采取的控制措施；

续表

评价专业	评价要点	建议提交材料及要求
规划、物业管理	4. 若有中水处理站，审阅是否及时清理中水处理站污泥并外运处理，废活性炭是否回收等。	4. 对于已投入使用的项目，尚应提交运行期排放废气、废水等污染物的排放检测报告。

【实施要点】

建设项目在设计时应当按照环境保护设计规范的要求，编制环境保护篇章，落实防治环境污染和生态破坏的措施。编制环境影响报告书、环境影响报告表的建设项目竣工后，建设单位应当按照国务院环境保护行政主管部门规定的标准和程序，对配套建设的环境保护设施进行验收，并编制验收报告。对于已被纳入排污许可管理的建设项目，应当在项目产生实际污染物排放之前，按照国家排污许可有关管理规定要求，申请排污许可证，不得无证排污或不按证排污。

建设项目可能存在的污染源包括废水、废气和固体废弃物等，在设计和实施阶段可具体关注以下内容：

废水排放污染源主要包括排放口、渗坑、渗井、污水池等，应对管道、设备、污水存储及处理设施采取污染控制措施，防止跑冒滴漏，并确保其安全性。尤其是学校、研发机构实验室及传染病医院的污水排放应达标。

废气排放污染源包括点污染源和非点污染源，民用建筑中主要包括地下车库、餐饮类建筑、传染病医院和学校、科研机构实验室的废气，应在确保废气排放达标的同时，避免废气排放口朝向人行区或敏感因素。

固体废弃物包括生活垃圾、医疗废物和危险固体废物等固态、半固态的废弃物质。应确保垃圾的处理方式和途径符合北京市相关管理条例，并在垃圾存储、运输、处理过程中避免环境污染，减少对人员和敏感因素的影响。

8.1.7 生活垃圾应分类收集，垃圾容器和收集点的设置应合理并应与周围景观协调。

【评价要点】

评价专业	评价要点	建议提交材料及要求
物业管理、建筑	1. 审阅生活垃圾是否分类收集； 2. 审阅垃圾容器和收集点的设置是否合理并与周围景观协调； 3. 对于已投入使用的项目，尚应审阅垃圾管理制度的完善性、全面性和落实情况。	1. 涉及环境卫生相关内容的竣工图-设计说明、设备材料表等相关设计文件； 2. 垃圾收集设施布置图； 3. 垃圾管理制度：明确垃圾分类方式。

【实施要点】

建筑设计时应合理规划和设置垃圾收集站（点），配建的垃圾收集站应具备定期冲洗、消杀条件，并能做到及时密闭清运；垃圾容器和收集点的设置位置应符合垃圾物流规划，处于避风处，并与周围景观协调，垃圾容器间满足放置垃圾分类容器的要求，并宜设有给排水和通风设施。

实施过程中物业管理单位应依据相关现行标准以及北京市城市管理委员会对垃圾管理的要求，结合具体项目垃圾特性，制定合理的垃圾管理制度。垃圾管理制度应当包括：分类垃圾容器（投放箱、投放点等）设置，分类垃圾收集点设置，采用的运输工具和器具，垃圾物流措施，不同类别垃圾的处理设施等。

生活垃圾按 2020 年 5 月 1 日施行的《北京市生活垃圾管理条例》的相关要求分为四类：厨余垃圾、可回收物、有害垃圾、其他垃圾。

8.2 评分项

I 场地生态与景观

8.2.1 充分保护或修复场地生态环境，合理布局建筑及景观，评价总分值为 10 分，并按下列规则评分：

1 保护场地内原有的自然水域、湿地、植被等，保持场地内的生态系统与场地外的生态系统的连贯性，得 10 分。

2 采取净地表层土回收利用等生态补偿措施，得 10 分。

3 根据场地实际状况，采取其他生态恢复或补偿措施，得 10 分。

【评价要点】

评价专业	评价要点	建议提交材料及要求
建筑、规划	第 1 款： 1. 审阅场地内的自然水域、湿地、植被等是否得到保护； 2. 审阅场地内生态系统是否与场地外的生态系统具有连贯性。 第 2 款： 审阅场地是否采用净地表层土回收利用等生态补偿措施。	1. 建筑专业竣工图-场地原地形图、总平面图、竖向设计图：体现场地和建筑布局与原有地形地貌结合的设计情况； 2. 景观专业竣工图-景观设计平面图、详图：体现场地内的水域、植被状况等；

续表

评价专业	评价要点	建议提交材料及要求
建筑、规划	第 3 款： 1. 审阅场地内是否采取与实际状况相匹配的生态恢复和补偿措施； 2. 评价时，符合本条所列 3 款中任 1 款即可得 10 分。对于场地的保护和修复，应优先采用前 2 款要求，当原场地无自然水体或中龄期以上的乔木、不存在可利用或可改良利用的表层土时，方可采用第 3 款要求。	3. 生态补偿方案：包含场地开发前的原有地形地貌概况、场地开发对其影响分析、拟采取的生态保护措施及其效果分析、水面保留方案、表层土利用相关图纸及说明文件、表层土收集利用量计算书（包括表层土收集、堆放、回填过程的照片、施工组织文件和施工记录以及表层土回收利用量的计算书）； 4. 施工记录：场地生态环境保护或修复措施实施记录； 5. 影像资料：水体或植被修复改造的过程照片。

【实施要点】

场地设计时，应对场地可利用的自然资源进行勘查，充分利用原有地形地貌，尽量减少建设项目的土石方工程量，减少对场地及周边环境生态系统的改变，包括原有植被、水体、山体等，特别是胸径在 15～40cm 的中龄期以上的乔木。

场地施工时，对场地表层土（肥力较好区域 10～30cm 深的熟土）的保护和回收利用是土壤资源保护和维持生物多样性的重要方法，也是提高绿化成活率、降低后期复种成本的有效手段。

其他生态恢复或补偿措施，可以通过场地规划设计，形成多样化的生态体系，为本地动物提供生态通道或栖息场所；或采用生态驳岸、生态浮岛等措施增加本地生物的生存活动空间。

8.2.2　规划场地地表和屋面雨水径流，对场地雨水实施外排总量控制，评价总分值为 10 分。场地年径流总量控制率达到 55%，得 5 分；达到 70%，得 10 分。

【评价要点】

评价专业	评价要点	建议提交材料及要求
给水排水、规划	1. 审阅场地年径流总量控制率；	1. 雨水控制利用专项设计（或雨水综合控制利用方案）：包含规划依据、原则、范围、标准、目标、雨水系统平面图、剖面图，以及年径流总量控制率计算

续表

评价专业	评价要点	建议提交材料及要求
给水排水、规划	2. 审阅场地年径流总量控制率对应的设计控制雨量。	书、设计控制雨量计算书等相关资料；雨水综合控制利用方案包括雨水控制、利用措施，及年径流总量控制率计算书、设计控制雨量计算书等相关资料。 2. 给水排水专业竣工图-雨水设计平面图，以及雨水站房、调蓄池等设计详图，给水排水说明室外部分； 3. 景观专业竣工图-下凹绿地、雨水花园、水体景观等具有雨水控制功能基础设施的详图及说明。

【实施要点】

设计时，根据降雨统计资料、地形地质条件及相关政策要求，合理确定场地年径流总量控制率目标及相应设计控制雨量，进行年径流总量控制率计算，并编制雨水控制与利用专项设计或方案等材料。年径流总量控制率的计算应对每个汇水分区单独进行年径流控制率的计算，然后加权计算场地总控制率，注意场地的汇水分区应根据建设项目的雨水排出口实际情况进行划分，即当有多个排出口时，应划分多个汇水分区。实施过程中，景观专业根据场地实际情况进行深化调整时，应严格遵守雨水控制与利用专项设计或方案中关于年径流总量控制率的具体要求。

8.2.3　充分利用场地空间设置绿化用地，评价总分值为 16 分，并按下列规则评分：

1　住宅建筑按下列规则分别评分并累计：

1）绿地率达到规划指标 105%及以上，得 10 分；

2）住宅建筑所在居住街坊内人均集中绿地面积，按表 8.2.3 的规则评分，最高得 6 分。

表 8.2.3　住宅建筑人均集中绿地面积评分规则

人均集中绿地面积 A_g（m^2/人）		得分
新区建设	旧区改建	
0.50	0.35	2
$0.50<A_g<0.60$	$0.35<A_g<0.45$	4
$A_g \geq 0.60$	$A_g \geq 0.45$	6

2　公共建筑按下列规则分别评分并累计：

1）公共建筑绿地率达到规划指标105%及以上，得10分；

2）绿地向公众开放，得6分。

【评价要点】

评价专业	评价要点	建议提交材料及要求
规划	1. 审阅绿化区域和面积，核查实际绿地率比规划指标提高的比例； 2. 住宅建筑审阅集中绿地区域和面积，核查集中绿地是否满足《城市居住区规划设计规范》GB 50180中的相关规定，且人口基数是否与人均住宅用地指标所采用的人口基数一致； 3. 公共建筑审阅绿地向社会公众开放的落实情况。对于不设围墙的项目、幼儿园、中小学、医院等建筑的绿地，评价时可视为向社会公众开放，可直接得相应分值，对没有可开放绿地的其他公共建筑建设项目，按不得分计； 4. 对于规划指标中无绿地率的项目，住宅建筑按照现行国家标准《城市居住区规划设计标准》GB 50180中对于绿地率和人均集中绿地面积的要求为基准计算，公共建筑根据规划部门管理规定要求的相应类型建筑的绿地率要求进行计算，根据《北京市绿色建筑施工图设计要点》（2021年版），一、二星级的公共建筑绿地率按照10%为基准进行计算。	1. 规划批复文件：包含绿地率的规划要求； 2. 建筑专业竣工图-总平面图：注明相关技术经济指标，包括总用地面积，住宅建筑还包括总户数和总人口等； 3. 景观专业竣工图-设计说明或总平面图：包含绿地率指标、各类绿地面积（实土绿地、覆土绿地等）和位置等； 4. 住宅建筑的人均集中绿地面积计算书：注明集中绿地的位置、面积分析，以及计算结果。计算书中涉及的平面日照等时线模拟图应体现集中绿地的日照和阴影情况； 5. 公共建筑的绿地开放证明文件。

【实施要点】

设计时，住宅建筑的绿化用地宜在满足北京地区建设工程规划设计要求及相关标准规定的基础上，尽可能增加绿化用地面积和集中绿地面积，并通过优化空间环境，提供户外交往空间和活动空间，提高住区生活质量。集中绿地的计算应结合日照模拟报告，选择符合现行国家标准《城市居住区规划设计标准》GB 50180中对于集中绿地要求的绿地，进行指标核算。

公共建筑宜设置更多的绿化用地或绿化广场，创造更加宜人的公共空间，鼓励设置休憩、娱乐等设施并可定时向社会公众免费开放，以提供更多的公共活动空间。

若申报范围为某建设项目中的局部，绿地相关指标可按城乡规划管理部门批准的较为完整的建设项目对应的指标进行核算。

8.2.4　室外吸烟区位置布局合理，评价总分值为9分，并按下列规则分别评分并累计：

1　室外吸烟区布置在建筑主出入口的主导风的下风向，与所有建筑出入口、新风进气口和可开启窗扇的距离不少于8m，且距离儿童和老人活动场地不少于8m，得5分；

2　室外吸烟区与绿植结合布置，并合理配置座椅和带烟头收集的垃圾筒，从建筑主出入口至室外吸烟区的导向标识完整、定位标识醒目，吸烟区设置吸烟有害健康的警示标识，得4分。

【评价要点】

评价专业	评价要点	建议提交材料及要求
规划	1. 审阅室外吸烟区的布置点，直线距离是否不少于8m，不设吸烟区的场地内是否设置禁烟标识； 2. 住宅项目本条不评价住宅楼门口； 3. 审阅幼儿园、中小学校等项目的场地内不得设置室外吸烟区，并应当设置禁烟标识，如设置吸烟区不得分。	1. 景观专业竣工图-设计说明、总平面图和相关详图：明确吸烟区布置，并明确设有座椅、带烟头收集的垃圾桶、有明确的导向和定位标识，且有明显的吸烟有害健康的警示标识； 2. 现场影像资料：对于已投入使用的项目，需提供室外吸烟区照片等。

【实施要点】

室外景观设计时，应考虑在合适位置设置专门的室外吸烟区。室外吸烟区距离人员密集区、有遮荫的人员聚集区、所有建筑出入口、新风进气口、可开启外窗、雨篷等开敞或半开敞空间，以及儿童和老人活动场地的距离不少于8m（直线距离）。吸烟区内须配置垃圾筒和吸烟有害健康的警示标识。对于居住区、大型公共建筑群等，可以根据场地条件，设置多个室外吸烟区。

幼儿园、中小学校等项目，场地内不应设置室外吸烟区，并应设禁烟标识。

8.2.5　利用场地空间设置绿色雨水基础设施，评价总分值为15分，并按下列规则评分累计：

1　下凹式绿地、雨水花园等有调蓄雨水功能的绿地和水体面积之和占绿地面积的比例达到40%，得3分；达到60%，得5分；

2　衔接和引导不少于80%的屋面雨水进入场地生态设施，得3分；

3　衔接和引导不少于80%的路面雨水进入场地生态设施，得4分；

4　硬质铺装地面中透水铺装面积的比例达到 50%，得 3 分。

【评价要点】

评价专业	评价要点	建议提交材料及要求
给水排水、规划	1. 审阅下凹式绿地、雨水花园等有调蓄雨水功能的绿地和水体面积之和占绿地面积的比例情况； 2. 在第 1 款得满分的前提下，审阅屋面雨水进入场地生态设施的比例情况，应采用断接的方式进入场地生态设施，且该生态设施应具有可以容纳该部分雨水的调蓄容积； 3. 在第 1 款得满分的前提下，审阅路面雨水进入场地生态设施的比例情况，应采用断接的方式进入场地生态设施，且该生态设施应具有可以容纳该部分雨水的调蓄容积； 4. 审阅硬质铺装地面中透水铺装面积的比例。	1. 雨水控制利用专项设计（或雨水综合控制利用方案）：包含规划依据、原则、范围、标准、目标、雨水系统平面图、剖面图，以及相关计算书等资料；雨水综合控制利用方案包括雨水控制、利用措施，及计算书等资料； 2. 建筑专业竣工图-场地竖向设计图：体现场地竖向设计、建筑、道路、绿地、广场布置等，汇水面积、径流途径等； 3. 给水排水专业竣工图-雨水设计平面图：体现屋面雨水、道路雨水进入地面生态设施，或进行有组织径流收集、处理、排放等。

【实施要点】

设计时，应遵循低影响开发原则，按照住房城乡建设部颁布的《海绵城市建设技术指南——低影响开发雨水系统构建（试行）》、北京市地方标准《海绵城市建设设计标准》DB11/T 1743 和《雨水控制与利用工程设计规范》DB11/685 具体要求，合理利用场地空间设置绿色雨水基础设施，进行相关设计，并编制雨水控制利用专项设计或方案。实施过程中，绿色雨水基础设施的下凹深度满足调蓄容积需要，确保调蓄容积大于所断接进入的雨水量，并注意道路走向与雨水有组织径流的关系，以及道路路缘石采用的形式等。

由于《雨水控制与利用工程设计规范》DB11/685 中关于透水铺装率的定义计算仅涉及为“公共停车场、人行道、步行街、自行车道和休闲广场、室外庭院的透水铺装率”，其中硬质铺装地面范围不包含机动车道路，与《绿色建筑评价标准》GB/T 50378-2019 中所指的“场地中停车场、道路和室外活动场地等”存在差异。因此，在设计时，应首先满足北京市透水铺装率达到 70%的要求，再按照《绿色建筑评价标准》GB/T 50378 的定义核算指标，满足不低于 50%的指标要求。

注意在地下室顶板上方设置透水铺装时，若地下室顶板设有疏水板及导水管等可将渗透雨水导入与地下室顶板接壤的实土，或地下室顶板上覆土深度能满足当地园林绿化部门要求时，仍可认定其为透水铺装地面，但覆土深度不得小于 600mm。

【计算方法】

调蓄雨水功能的绿地和水体面积之和占绿地面积的比例＝(调蓄雨水功能的绿地＋调蓄雨水功能的水体面积)÷场地内绿地总面积×100％

屋面雨水采取雨落管断接方式进行有组织排放进入周边绿地、植草沟、树池等设施的汇水面积与屋面总汇水面积的比例视为屋面雨水进入地面生态设施的比例。

路面雨水通过平缘石或立缘石开口等有组织径流的方式进入道路绿化带、周边绿地、植草沟、树池等设施的汇水面积与路面总汇水面积的比例视为路面雨水进入地面生态设施的比例。

硬质铺装地面中透水铺装面积的比例＝透水铺装面积÷(场地中停车场、道路和室外活动场地等硬质铺装地面面积)×100％

Ⅱ　室外物理环境

8.2.6　场地内的环境噪声优于现行国家标准《声环境质量标准》GB 3096 的要求，评价总分值为 10 分，并按下列规则评分：

1　环境噪声值大于 2 类声环境功能区标准限值，且小于或等于 3 类声环境功能区标准限值，得 5 分。

2　环境噪声值小于或等于 2 类声环境功能区标准限值，得 10 分。

【评价要点】

评价专业	评价要点	建议提交材料及要求
建筑物理、规划	1. 审阅场地内的环境噪声是否达到要求； 2. 审阅场地环境噪声检测报告或场地环境噪声模拟分析报告。	1. 建筑专业竣工图-总平面图：体现项目场界四侧道路交通噪声源和社会生活噪声源情况； 2. 建筑专业竣工图-设计说明：注明场地周围主要噪声来源（如道路、固定设备噪声源等）并说明采用的隔声降噪措施； 3. 场地环境噪声检测报告或场地环境噪声模拟分析报告（对于新开发区域可提供场地环境噪声模拟分析报告或建成后的场地环境噪声检测报告）。

【实施要点】

场地环境噪声的控制，可以通过合理选址规划来实现，也可以通过设置声屏障、植物防护等方式对室外场地的超标噪声进行降噪处理实现。有研究表明，一般植物防护降噪效果，约 10m 宽的乔木林可实现噪声 5dB（A）的降低。建筑总平面规划设计时，考虑噪声源与噪声敏感建筑物的合理布局，在临近交通道路位置不布置噪声敏感性高的建筑。同时，对于偶发的高分贝噪声，例如火车鸣笛，以及飞机航线下的来自上空的飞行噪声也应给予关注。

项目实施过程中，场地环境噪声检测报告可为含有噪声检测及预测评价的环评报告，也可为独立的环境噪声检测报告。对于新开发区域，因其周边可能存在现状噪声条件不确定的情况，宜根据周边市政规划进行场地环境噪声的模拟预测分析。

8.2.7　**建筑及照明设计避免产生光污染，评价总分值为 10 分，并按下列规则分别评分并累计：**

1　玻璃幕墙的可见光反射比及反射光对周边环境的影响符合现行国家标准《玻璃幕墙光热性能》GB/T 18091 的规定，得 5 分；

2　室外夜景照明光污染的限制符合现行国家标准《室外照明干扰光限制规范》GB/T 35626 和现行行业标准《城市夜景照明设计规范》JGJ/T 163 的规定，得 5 分。

【评价要点】

评价专业	评价要点	建议提交材料及要求
建筑	第 1 款 1. 审阅建筑外立面是否使用玻璃幕墙，核查玻璃幕墙可见光反射比是否符合国家标准《玻璃幕墙光热性能》GB/T 18091 防治光污染的相关要求； 2. 对于无玻璃幕墙的建设项目，第 1 款直接得分； 3. 若新建住宅、党政机关办公楼、医院门诊急诊楼和病房楼、中小学校、托儿所、幼儿园、老年人建筑在二层及以上采用玻璃幕墙，第 1 款不得分。	1. 建筑专业竣工图-设计说明：注明对玻璃幕墙的可见光反射比要求，且符合《玻璃幕墙光热性能》GB/T 18091 的规定； 2. 建筑专业竣工图-立面图、门窗表：注明立面主要材料； 3. 玻璃幕墙厂家深化图及专项报告； 4. 玻璃幕墙产品光学性能检验报告及进场复检报告：满足相关标准要求； 5. 玻璃幕墙光污染分析报告（超高层建筑提供）：格式和主要内容应符合《民用建筑绿色性能计算标准》JGJ/T 449-2018 附录 A 的规定。

续表

评价专业	评价要点	建议提交材料及要求
电气	第 2 款 1. 审阅项目是否设有室外夜景照明，核查室外夜景照明是否符合行业标准《城市夜景照明设计规范》JGJ/T 163 和《室外照明干扰光限制规范》GB/T 35626 对光污染防治的要求； 2. 对于不设室外夜景照明的建设项目，第 2 款直接得分。	1. 电气专业竣工图-设计说明：明确夜景照明设计满足国家标准《室外照明干扰光限制规范》GB/T 35626 现行行业标准《城市夜景照明设计规范》JGJ/T 163 中的相关要求； 2. 室外夜景照明竣工图：包括居住区室外安全照明以外的活动空间和景观照明等； 3. 室外夜景照明光污染防治报告：包含夜景照明设计中采用的避免光污染措施； 4. 夜景照明灯具光度检验报告及进场复验报告：满足标准要求。

【实施要点】

光污染控制对策包括降低建筑物表面（玻璃和其他材料、涂料）的可见光反射比、合理设计夜景照明两个方面。

第 1 款，玻璃幕墙的有害光反射是指对人引起视觉累积损害或干扰的玻璃幕墙光反射，包括失能眩光、不舒适眩光。

设计时，外立面的选材需注意控制对周边环境产生的影响，避免使用镜面玻璃或抛光金属板等材料。如使用玻璃幕墙，则玻璃幕墙材料的反射比应不大于 0.3，在主干道、立交桥、高架路两侧建筑物高 20m 以下的部分，其余路段高 10m 以下部分应采用反射比不大于 0.16 的低反射玻璃，且应注意安装位置和角度，符合现行国家标准《玻璃幕墙光热性能》GB 18091 的相关要求。根据《住房城乡建设部、国家安全监管总局关于进一步加强玻璃幕墙安全防护工作的通知》（建标〔2015〕38 号）中规定：新建住宅、党政机关办公楼、医院门诊急诊楼和病房楼、中小学校、托儿所、幼儿园、老年人建筑，不得在二层及以上采用玻璃幕墙。

除建筑单体外，还应关注建筑周边环境是否存在光污染敏感因素和增强光污染影响因素。光污染敏感因素包括居住区、道路上行驶车辆和行人、学校、医院、疗养院、养老院、办公室、文化保护单位、易燃易爆品存放点等。增强光污染因素则包括可能形成平行光反射和光聚焦的反射面，同一项目的建筑群体也应避免在平行面和凹聚面采用玻璃幕墙。对玻璃幕墙增加遮阳措施也可减少反射光的光污染。

实施过程中，重点关注玻璃幕墙深化图是否落实设计要求，并满足相关标准要求，玻璃幕墙安装时，应要求厂家提供玻璃幕墙产品光学性能检测报告，可见光反射比等光学性能情况应与设计保持一致。对于超高层建筑（层数超过 40 层，高度超过 100m 的建筑），由于太阳反射光影响范围远远超出了其周边环境，很可能影响到较远区域的城市交通安全和光污染敏感区域，因此建议超高层建筑提供光污染防治报告。

第 2 款，室外夜景照明光污染是指由于室外夜景照明干扰光或过量的光辐射（含可见光、紫外和红外光辐射）对人、生态环境和天文观测等造成的负面影响。

设计时，要综合考虑夜景照明专项设计中涉及照明方式、照明光源、灯具选型及其电器附件、灯位布置、灯具安装角度和照明时间等多个因素。为减少夜景照明对城市夜空、交通、人和动植物的影响，可采取以下措施减少光污染：减少投（泛）光照明，利用内透光照明；合理搭配光源与灯具，合理设置投射角度，选择灯具的保护角，控制上射光线、防止外溢光；配置遮光构件，隐蔽安装投光器；采用高品质电子镇流器，避免产生频闪污染；降低绿化照明等级，减少光源对昆虫的吸引力；控制照明设备的运行时间，智能化管理照明系统等。

夜景照明还应符合北京市夜景观总体规划和详细规划的要求。《北京市市容环境卫生条例》中规定，本市夜景照明规划区域内的建筑物、构筑物、道路、广场、绿地等，应当按照规划要求建设夜景照明设施。夜景照明建设方案，应当按照规定经市或者区、县市政管理行政部门审核同意后，方可实施。表 8.2.7 为环境亮度和活动内容的环境区域划分。

表 8.2.7　环境亮度和活动内容的环境区域划分

E1	天然暗环境区	国家公园、自然保护区和天文台所在地区等
E2	低亮度环境区	乡村的工业或居住区等
E3	中等亮度环境区	城郊工业或居住区等
E4	高亮度环境区	城市中心和商业区等

对于超高层建筑，如需提供光污染专项报告，其报告的内容包括但不限于：

（1）工程概况：工程所处位置及周边规划情况，项目功能、建筑规模、建筑造型、结构形式、建筑高度等；

（2）玻璃幕墙（石材、金属幕墙）设计：幕墙形式、材料、颜色、位置、尺寸、使用面积、占立面面积比（玻墙比）、光学性能等；

（3）减少玻璃幕墙光污染的措施；

（4）夜景照明设计依据：所在地块的环境亮度分区，区域夜景照明规划方案；

（5）夜景照明设计方案：照明方式、照明光源、灯具选型及其电器附件、灯位布置、灯具安装角度和照明时间等；

（6）减少夜景照明光污染的措施及相关计算；

（7）夜景照明施工安装保障措施。

8.2.8 场地内风环境有利于室外行走、活动舒适和建筑的自然通风，评价总分值为 10 分，并按下列规则分别评分并累计：

1 在冬季典型风速和风向条件下，按下列规则分别评分并累计：

1）建筑物周围人行区距地高 1.5m 处风速小于 5m/s，户外休息区、儿童娱乐区风速小于 2m/s，且室外风速放大系数小于 2，得 3 分；

2）除迎风第一排建筑外，建筑迎风面与背风面表面风压差不大于 5Pa，得 2 分。

2 过渡季、夏季典型风速和风向条件下，按下列规则分别评分并累计：

1）场地内人活动区不出现涡旋或无风区，得 3 分；

2）50%以上可开启外窗室内外表面的风压差大于 0.5Pa，得 2 分。

【评价要点】

评价专业	评价要点	建议提交材料及要求
建筑物理、规划	1. 审阅项目总平面布局和垂直布局是否考虑到北京地区主导风情况下的冬季防风与夏季通风； 2. 审阅室外风环境模拟计算结果是否满足本条要求； 3. 对于单栋建筑，或只有迎风第一排建筑的项目，关于风压差的 2 分可直接得分；计算“可开启外窗室内外表面的风压差”时，可将建筑外窗的室内表面风压认定为 0Pa，可开启外窗的室外风压绝对值大于 0.5Pa 时，即算此外窗满足要求。	1. 建筑专业竣工图-总平面图：包括建筑或建筑群布局，建筑高度，绿地率等情况； 2. 景观专业竣工图-总平面图、种植平面图：包括苗木表，复合绿化情况等情况； 3. 室外风环境模拟分析报告； 4. 现场影像资料：包括户外休息区、儿童娱乐区等场地人活动区与周边建筑物的位置关系的实景影像资料。

【实施要点】

设计时，建筑布局要充分考虑场地内的风环境，建筑主要出入口位置应避开冬季主导风向，通过设置防风墙或板、防风带等挡风措施阻隔冬季冷风。通过室外风环境模拟，降低小区内行人高度的风速，避免放大系数过大，减小建筑物前后压差。调整建筑间距，提高夏季和过渡季自然通风，室外风环境模拟报告的格式和主要内容应符合《民用建筑绿色性能计算标准》JGJ/T 449-2018 附录 A 的规定。

8.2.9　采取措施降低热岛强度，评价总分值为 10 分，按下列规则分别评分并累计：

1　场地中处于建筑阴影区外的步道、游憩场、庭院、广场等室外活动场地设有乔木、花架等遮荫措施的面积比例，住宅建筑达到 30%，公共建筑达到 10%，得 2 分；住宅建筑达到 50%，公共建筑达到 20%，得 3 分；

2　场地中处于建筑阴影区外的机动车道，路面太阳辐射反射系数不小于 0.4 或设有遮荫面积较大的行道树的路段长度超过 70%，得 3 分；

3　屋顶的绿化面积、太阳能板水平投影面积以及太阳辐射反射系数不小于 0.4 的屋面面积合计达到 75%，得 4 分。

【评价要点】

评价专业	评价要点	建议提交材料及要求
建筑物理、规划	第 1 款： 1. 审阅场地内处于建筑阴影区外的步道、庭院、广场、休憩场、地面非机动车停车场等室外活动场地的位置及范围； 2. 审阅场地是否对建筑阴影区外的活动场地采取遮荫措施，且遮荫措施是否与计算书中一致。建筑阴影区为夏至日 8：00～16：00 时段在 4h 日照等时线以内的区域。乔木遮荫面积按照成年乔木的最大冠幅值为直径的圆的面积计算；构筑物遮荫面积按照构筑物正投影面积计算。 第 2 款： 审阅场地中处于建筑阴影区外的机动车道及其长度和位置；审阅路面做法和太阳辐射反射系数；或者审阅设有遮荫面积较大的行道树的机动车道比例。	第 1 款： 1. 景观专业竣工图-总平面图、乔木种植平面图、乔木苗木表等：包含处于建筑阴影区外场地中步道、游憩场、庭院、广场等室外活动场地设有乔木、花架、遮阳棚等遮荫措施的位置； 2. 日照模拟分析报告； 3. 室外活动场地遮荫面积比例计算书。 第 2 款： 1. 建筑专业竣工图-材料做法表：包含路面太阳辐射反射系数不小于 0.4 的机动车道做法； 2. 景观专业竣工图-总平面图、乔木种植平面图、乔木苗木表等：包含机动车道、机动车停车位的遮荫措施及位置； 3. 机动车道遮荫或高反射面积比例计算书：包含场地内道路交通组织分析、处于建筑阴影区外的机动车道、机动车停车位遮荫措施及位置，应与景观图一致。

续表

评价专业	评价要点	建议提交材料及要求
建筑物理、规划	第 3 款： 审阅屋面绿化面积及做法，或审阅屋面太阳能板位置和投影面积，或审阅屋面面层材料太阳辐射反射系数证明材料。	第 3 款： 1. 建筑专业竣工图-总平面图、设计说明或材料做法表：注明太阳辐射反射系数不小于 0.4 的建筑屋面位置与构造要求； 2. 建筑专业竣工图-屋顶平面图、屋面做法大样等； 3. 屋面面层材料太阳辐射反射系数证明材料（进场复验或抽样送检检测报告）； 4. 屋面绿化、遮荫或高反射面积比例计算书：计算分子为绿化屋面面积、屋面上安装的太阳能集热板或光伏板的水平投影面积、太阳光反射比不小于 0.4 的屋面面积三者之和；分母为屋面面积。

【实施要点】

设计时，建筑专业与景观专业应协同考虑减少热岛效应的有效措施的设计和应用，如利用适应本地气候条件的树木、大灌木丛、植被格栅或其他室外植被覆盖的构筑物提供遮阳；用种有植被的建筑表面或地面代替硬质表面，避免使用黑色沥青材料；露天不透水地面和屋面尽量使用浅色、高反射率材料；将停车场放在地下，并对地面停车场采取遮荫措施；增加场地内水体景观等。本条是对参评项目为降低热岛强度而采取的措施的评分项，不能用热岛模拟报告来替代。

在实施过程中，屋面面层材料的太阳辐射反射系数可由《民用建筑热工设计规范》GB 50176-2016 附录 B.5 推算得出，如附录 B.5 中未涵盖，还需提供太阳光反射比进场复验或抽样送检检测报告，检测应符合现行国家标准《建筑用反射隔热涂料》GB/T 25261 或《建筑反射隔热涂料节能检测标准》JGJ/T 287 及其他相关标准要求。

9 提高与创新

概　　述

Ⅰ 评价内容和特点

本章内容结合北京市的地方特点及相关地方标准的要求，细化了创新性条款内容。本章条款总数为 12 条，其中一般规定 2 条，加分项 10 条，第 9.2.10 条中还包括 9 款创新项要求。

创新项内容基于北京市在节能减排、智慧管理、绿色金融助推绿色建筑发展等新方面的发展优势，对绿色建筑的运营管理提出了智慧化管理要求、对公共卫生安全突发事件的应对要求、强化绿色施工管理要求，以及倡导绿色金融类产品的应用等创新内容。鼓励在技术、管理、生产方式等方面的创新，推动北京市绿色建筑新技术的融合发展和绿色建筑的高质量发展。

Ⅱ 加分指标体系

加分指标体系表

项目类别	条文号	评分指标	满分分值	满足基本政策标准规定应得分数		评分情况说明
				居建	公建	
加分项	9.2.1	进一步降低暖通空调系统能耗	30	0	0	难 原因说明： 本条属于提高型条款。 在现行节能标准基础上能耗再降低 40%，基本上达到超低能耗建筑的要求。本条较难达到。

续表

项目类别	条文号	评分指标	满分分值	满足基本政策标准规定应得分数		评分情况说明
				居建	公建	
加分项	9.2.2	建筑风貌设计	20	0	0	难 原因说明： 传承地域文化不是屋顶、花窗等符号的简单复制，需要结合新时代建筑的实际需求与地域特色、场地特征等进行创新，做好很难。 综合评价为难。
	9.2.3	合理利用废弃场地或旧建筑	8	0	0	难 原因说明： 1. 跟项目用地内实际情况有关。 2. 对废弃场地及旧建筑的利用需进行专项分析，分析其技术可行性、经济性，在技术难度、建设成本方面都需要付出更多努力和代价。 综合评价为难。
	9.2.4	场地绿容率	5	0	0	难 原因说明： 国家和北京市有相关鼓励政策，实施难度较大，综合评价为“难”。
	9.2.5	工业化建造的结构体系与建筑构件	10	0	0	中 原因说明： 在国家及北京市对于装配式建筑的要求的基础上，北京市多数建筑均需达到装配式建筑要求，同步可满足本条要求，综合评价为“中”。

续表

项目类别	条文号	评分指标	满分分值	满足基本政策标准规定应得分数		评分情况说明
				居建	公建	
加分项	9.2.6	BIM技术	15	0	0	难 原因说明： 国家和北京市有相关鼓励政策，技术实施难度较高，须进行设计、施工、运营各方管理流程整合及数据共享，协调解决难度大。综合评价为难。
	9.2.7	建筑碳排放计算	12	0	0	中 原因说明： 1. 符合国家发展方向，国家标准有计算方法。 2. 综合技术实施难度、增量成本适中，综合评价为“中”。
	9.2.8	绿色施工和管理	20	0	0	中 原因说明： 1. 行业内已进行多年绿色施工管理活动及具有运行有序的各项示范工程评审评价机制。 2. 综合技术实施难度、增量成本适中，综合评价为“中”。
	9.2.9	建设工程质量潜在缺陷保险	20	0	0	难 原因说明： 国家和北京市有相关鼓励政策，投保保险义务建立流程长，实施难度较高、增量成本主体还不够明确。综合评价为“难”。
	9.2.10-1	专项设计和实施（超低能耗、健康、智慧等）	10	0	0	难 原因说明： 国家和北京市有相关鼓励政策，技术实施难度较高、增量成本较大，综合评价为“难”。

续表

项目类别	条文号	评分指标	满分分值	满足基本政策标准规定应得分数		评分情况说明
				居建	公建	
加分项	9.2.10-2	百年建筑设计与实施	10	0	0	难 原因说明： 国家和北京市有相关鼓励政策，技术实施难度较高、增量成本较大，综合评价为“难”。
	9.2.10-3	建筑运行性能信息公开与披露	10	0	0	中 原因说明： 1. 国家《绿色建筑标识管理办法》有运行数据的相关管理规定。 2. 综合技术实施难度、增量成本适中，综合评价为“中”。
	9.2.10-4	建筑保温与结构一体化技术	10	0	0	难 原因说明： 国家和北京市有相关鼓励政策，技术实施难度较高、增量成本较大，综合评价为“难”。
	9.2.10-5	智慧物业管理	10	0	0	难 原因说明： 在设计文件中即使提出了采用的技术手段、相关系统设置，运行过程中仍存在仅落实一部分的情况。因此需要从设计阶段之初就要更细致研究、策划、确定物业运营需要体现的绿色智慧目标和落实到的系统、设备、软件，明确智慧管理流程、技术要求、结构化数据格式、各种设施设备贯穿全寿命期可以统一的编码规则，避免竣工前和运营中出现编码和数据混乱，包括：出入口、各种机电用房、主要设备编码、房间号、干线支线管路编号、各种计量仪表编号、归属分项、数据库标准及可视化报表信息内容，对智慧物业管理起到有力的支撑作用。
	9.2.10-6	公共卫生突发事件处置预案	10	10	10	中 原因说明： 基本政策和标准无相关规定，综合技术实施难度、增量成本适中，综合评价为“中”。

续表

项目类别	条文号	评分指标	满分分值	满足基本政策标准规定应得分数		评分情况说明
				居建	公建	
加分项	9.2.10-7	绿色施工技术的融合应用及成果推广	10	0	10	中 原因说明： 1. 行业内已进行多年绿色施工管理活动。 2. 综合技术实施难度、增量成本适中，综合评价为“中”。
	9.2.10-8	绿色金融类产品	10	0	0	难 原因说明： 国家和北京市有相关鼓励政策，实施难度较大，综合评价为“难”。
	9.2.10-9	其他创新，并取得明显效益	10	—	—	需根据具体内容确定。

注：在判定“满足基本政策标准规定应得分数”的同时，填写“评分情况说明”，按下列三种情况对每一条款进行说明：

1. 北京市强制标准或标准中用语为“应”的技术要求，为“易”；
2. 北京市相关标准中用语为“宜”的技术要求、技术实施增量成本较适中，为“中”；
3. 技术实施难、增量成本较高的为“难”。

评价条款

9.1　一般规定

9.1.1　绿色建筑评价时，应按本章规定对提高与创新项进行评价。

【条文说明扩展】

绿色建筑全寿命期内各环节和阶段，都有可能在技术、产品选用和管理方式上进行性能提高和创新。为了鼓励性能提高和创新，同时也为了合理处置一些引导性、创新性或综合性等额外评价条文，本次修订增加了相应的评价项目，《标准》中将此类评价项目称为“加分项”。加分项包括规定性方向和可选方向两类，前者有具体指标要求，侧重于“提高”，如进一步降低建筑供暖空调系统能耗、百年建筑；后者则没有具体指标，侧重于“创新”，如传承地域建筑文化、建筑信息模型（BIM）、智慧物业管理、绿色金融类产品、碳排放分析计算等。

9.1.2　提高与创新项得分为加分项得分之和，当得分大于 100 分时，应取为 100 分。

【条文说明扩展】

提高与创新项得分为加分项得分之和，加分项的评定结果为某得分值或不得分，加分项最高可得 100 分。

9.2　加分项

9.2.1　采取措施进一步降低建筑供暖空调系统的能耗，评价总分值为 30 分。建筑供暖空调系统能耗相比国家现行有关建筑节能标准降低 40%，得 10 分；每再降低 10%，再得 5 分，最高得 30 分。

【评价要点】

评价专业	评价要点	建议提交材料及要求
暖通空调、建筑	1. 查阅建筑设计说明、节能专篇、节能计算书、建筑专业竣工图等设计文件。核查项目执行的建筑节能标准，核对项目围护结构做法和热工性能；	1. 建筑专业竣工图：应包括设计说明、围护结构关键做法详图、围护结构热工性能参数表等设计文件；

续表

评价专业	评价要点	建议提交材料及要求
暖通空调、建筑	2. 查阅暖通空调设计说明、竣工图等相关文件。核查暖通空调系统形式、冷热源设备选型情况； 3. 查阅项目能耗分析报告，核查建筑能耗，确定建筑供暖空调系统能耗降低比例。	2. 建筑节能计算书及建筑节能审查相关文件：包括规定性指标判定表、能耗权衡计算报告等； 3. 暖通空调专业竣工图：应包括设计说明、暖通空调平面图、冷热源系统图、暖通空调设备材料表等文件，相关文件说明空调系统形式、冷热源设备、输配设备的主要性能参数； 4. 建筑综合能耗节能率分析报告：应包含设计建筑和参照建筑的围护结构、空调系统、房间功能、作息、室内热扰等参数的设置情况，参照建筑的围护结构、空调系统相关参数应取国家或行业建筑节能设计标准规定的节能限值，其室内设计参数、房间作息等相关设置仍与设计建筑的设置保持一致，还应包含参评建筑采取的节能措施、达到的节能效果，明确项目的节能水平。

【实施要点】

本条在 7.2.4 条、7.2.8 条的基础上进一步提高要求，提高方式既包括提升建筑围护结构热工性能，也包括提高供暖空调系统及设备能效。相关计算方法与 7.2.8 条保持一致，但应注意，本条仅针对供暖空调系统能耗，不包括照明系统能耗。

设计时，应统筹考虑所在地气候条件、建筑形体、使用功能、建筑材料热工性能等方面因素，合理确定建筑的围护结构材料、空调系统形式和相关设备参数，整体达到节能 40%或者更高的节能目标。建筑节能相关做法可参考国家现行标准《近零能耗建筑技术标准》GB/T 51350、北京市现行地方标准《超低能耗居住建筑设计标准》DB11/T 1665。

实施过程中，施工单位应确保施工质量，按照设计要求进行相关建材和设备的采购、施工、安装、调试；建筑运行管理部门应当强化建筑运行和维护，根据建筑采暖空调系统负荷变化情况调整运行策略，在满足建筑使用功能的前提下降低能耗，并定期巡视，加强维护，确保设备和系统运行状态良好。

9.2.2　采用适宜地区特色的建筑风貌设计，因地制宜传承地域建筑文化，评价分值为 20 分。

【评价要点】

评价专业	评价要点	建议提交材料及要求
建筑	1. 审阅项目是否采用了适宜地区特色、传承地域建筑文化的设计； 2. 对于场地内存在历史建筑的项目，审阅项目是否对其进行了合理保护及利用。	建筑专业竣工图-建筑设计说明或专项分析论证报告：明确项目所采取的具有地区特色的设计原则和手法。

【实施要点】

设计时遵循适宜地区特色、因地制宜的建筑设计原则：

（1）适应北京的地域气候条件：建筑方案设计时，顺应、利用并尊重北京富有特色的气候、环境、资源等自然因素，创造自然与人工相结合的美好环境；

（2）融入具体建设环境：当建设环境本身具有独特的场地特征时，如地处山林、河谷、沙湿地等环境，采取保护自然环境、顺应地势地貌、整合场地生态等措施；

（3）尊重当地文化传统，采用与建筑所在区域特定风格相协调一致的建筑风貌等：采用北京当地传统建筑造型、色彩、机理、建造方法、地方材料等，如夯土墙、屋面挑檐、天井院落等传统智慧，结合新时代新建筑的实际需求，结合新的建造材料进行一定的创新，既体现当地历史建筑或传统民居文化，体现文脉的传承，又避免“千城一貌”。如建筑采用中国传统建筑群落布局方式、建筑空间布局模式、有利于建筑的自然通风和天然采光。

（4）对场地内的历史建筑进行保护和利用，也属于本条规定的传承地域建筑文化的范畴。

9.2.3　合理选用废弃场地进行建设，或充分利用尚可使用的旧建筑，评价分值为 8 分。

【评价要点】

评价专业	评价要点	建议提交材料及要求
建筑	一、对于废弃场地利用的项目： 1. 审阅环境影响评价书（表）及相关检测报告，项目所处废弃场地是否可再利用，或经过处理后能否再利用；	1. 建筑专业竣工图-总平面图、建筑设计说明：明确项目内存在的废弃场地或旧建筑情况，简要说明对现状场地或建筑的改造、再利用措施；

续表

评价专业	评价要点	建议提交材料及要求
建筑	2. 审阅废弃场地的改造措施及改造后的场地检测报告，确认场地利用不存在安全隐患； 3. 审阅相关设计图纸中项目对废弃场地的利用是否合理。 二、旧建筑利用项目： 1. 审阅环境影响评价书（表）、检测报告旧建筑使用年限、面积、功能及可供使用的状况等； 2. 审阅相关图纸是否将尚可利用的旧建筑纳入项目建设中； 3. 审阅旧建筑再利用专项报告，审核旧建筑再利用的合理性、安全性。	2. 环境影响评价书（表）、场地或建筑检测报告：明确项目所在范围内废弃场地或旧建筑的风险点、改造方案； 3. 旧建筑利用的项目提供旧建筑再利用专项报告：明确旧建筑再利用的可行性，对旧建筑的再利用方式及改造措施； 4. 利用废弃场地的项目提供废弃场地使用专项报告：说明对废弃场地的治理、改造或改善措施。

【实施要点】

（1）废弃场地利用

①首先必须进行环评，对原有废弃场地进行有害物检测、地质勘测等必要的核查，研判废弃场地是否适合再利用；

②根据环境影响评价书（表）、地勘报告，采取相应治理、改造或改善措施：如对坡度很大的场地应做分台、加固等处理；对仓库与工厂的弃置地，则须对土壤是否含有有毒物质进行检测，并采取土壤污染修复、污染水体净化和循环等生态补偿措施。

（2）旧建筑利用

①应在方案前期进行旧建筑再利用可行性研究，综合分析技术及经济可行性，既不是无节制地保留以前的旧建筑，也不是全部推倒重建；

②应充分利用可再利用构件，降低旧建筑结构升级加固的成本；

③对旧建筑的再利用可从文化的传承、场地的重塑、功能的适用改造、空间的更新、新旧的关系等方面入手，为旧建筑注入新的生命力；

④对建筑使用年限较短，尚可继续使用的主体结构、建筑立面等加以保留和利用。应注重其主体结构安全性、外围护结构保温隔

热性能及功能适用性的可改造性，关注其是否满足现行相关规范的要求，以及其他因素。

9.2.4 场地绿容率不低于3.0，评价总分值为5分，并按下列规则评分：

1 场地绿容率计算值不低于3.0，得3分。

2 场地绿容率实测值不低于3.0，得5分。

【评价要点】

评价专业	评价要点	建议提交材料及要求
规划	1. 审阅绿化种植平面图、苗木表等景观竣工文件； 2. 审阅绿容率计算书或植被叶面积测量报告，当地叶面积调研数据（如有）等证明材料。	1. 建筑专业竣工图-景观竣工图：应包含绿化种植平面图、苗木表； 2. 绿容率计算书或植被叶面积测量报告、当地叶面积调研数据（如有）等证明材料。

【实施要点】

采取措施合理提高绿容率，在场地景观设计中可优先采用种植乔木、灌木，减少不易养护的草地种植面积，合理配置叶面积指数较高的树种，提倡立体绿化。植物配置应充分体现北京市植物资源的特点，优先选用乡土植物。鼓励各类公共建筑设置屋顶绿化和墙面垂直绿化。

9.2.5 采用符合工业化建造要求的结构体系与建筑构件，评价分值为10分，并按下列规则评分：

1 主体结构采用钢结构、木结构，得10分。

2 主体结构采用装配式混凝土结构，地上部分预制构件应用混凝土体积占混凝土总体积的比例达到35%，得5分；达到50%，得10分。

【评价要点】

评价专业	评价要点	建议提交材料及要求
结构	1. 审阅建筑结构体系是否满足工业化建造要求； 2. 钢结构、木结构体系建筑直接得分； 3. 装配式混凝土结构体系建筑按应用比例得分；	1. 建筑、结构专业竣工图及设计说明：包含符合工业化建造要求的结构体系与建筑构件的设计内容，体现预制构件的体系说明、材质说明、相关图例、构件规格及实施位置等内容；

续表

评价专业	评价要点	建议提交材料及要求
结构	4. 砌体结构体系建筑不得分。	2. 结构专业竣工图-装配式混凝土结构体系竣工图：包含预制构件详图和预制构件用量比例计算书。

【实施要点】

主体结构采用装配式混凝土结构，地上部分预制构件应用混凝土体积占混凝土总体积的比例是指建筑室外地坪以上的主体结构和围护结构中，预制构件部分的混凝土用量占对应部分混凝土用量的体积比。

本条所指“预制构件”包括各种结构构件和非结构构件，如预制梁、预制柱、预制墙板、预制阳台板、预制楼梯、雨篷、阳台栏板等。

对于钢-混组合结构的判定：

型钢混凝土框架-现浇混凝土核心筒（或剪力墙）结构，主体结构按混凝土结构计算；

钢管混凝土框架-现浇混凝土核心筒（或剪力墙）结构，当采用钢梁且钢管为结构构件时，主体结构按钢结构计算；当采用钢筋混凝土梁或型钢混凝土梁时，主体结构按混凝土结构计算；当钢管仅作为施工模板时，主体结构按混凝土结构计算；

钢框架-现浇混凝土核心筒（或剪力墙）结构，主体结构按钢结构计算。

9.2.6 应用建筑信息模型（BIM）技术，评价总分值为 15 分。在建筑的规划设计、施工建造和运行维护阶段中的一个阶段应用，得 5 分；两个阶段应用，得 10 分；三个阶段应用，得 15 分。

【评价要点】

评价专业	评价要点	建议提交材料及要求
建筑、施工、物业管理	1. 审阅项目在工程建设的各个阶段，是否推广和应用基于 BIM 的协同设计，开展多专业间的数据共享和协同； 2. 审阅施工阶段的 BIM 基础应用，是否普及项目管理信息系统，信息技术是否应用于工程质量安全管理；	1. 规划设计、施工建造、运营维护各阶段的 BIM 技术应用报告：应包含其实现信息共享、协同工作的能力和绩效；

续表

评价专业	评价要点	建议提交材料及要求
建筑、施工、物业管理	3. 审阅是否建立并应用基于互联网的协同工作系统，实现工程项目多参与方之间的高效协同与信息共享； 4. 审阅是否实现从设计、施工到运行维护阶段的数字化交付和全生命期信息共享。	2. 相关设计文件和竣工图。

【实施要点】

规划设计阶段主要包括：

推广基于 BIM 的协同设计，开展多专业间的数据共享和协同，优化设计流程，提高设计质量和效率。研究开发基于 BIM 的集成设计系统及协同工作系统，实现建筑、结构、给水排水、暖通空调、电气等专业的信息集成与共享。

该阶段主要包括：投资策划与规划；设计模型建立；分析与优化；设计成果审核等内容应用。

施工阶段主要包括：

普及建立项目管理信息系统，开展施工阶段的 BIM 基础应用。有条件的企业应研究 BIM 应用条件下的施工管理模式和协同工作机制，建立基于 BIM 的项目管理信息系统。

开展 BIM 与物联网、云计算、3S 等技术在施工过程中的集成应用研究，建立施工现场管理信息系统，创新施工管理模式和手段。

构建基于 BIM、大数据、智能化、移动通信、云计算等技术的工程质量、安全监管模式与机制。建立完善工程项目质量监管信息系统，对工程实体质量和工程建设、勘察、设计、施工、监理和质量检测单位的质量行为监管信息进行采集，实现工程竣工验收备案、建筑工程五方责任主体项目负责人等信息共享，保障数据可追溯，提高工程质量监管水平。建立完善建筑施工安全监管信息系统，对工程现场人员、机械设备、临时设施等安全信息进行采集和汇总分析，实现施工企业、人员、项目等安全监管信息互联共享，提高施工安全监管水平。

开展智能机器人、智能穿戴设备、手持智能终端设备、智能监测设备、3D 扫描等设备在施工过程中的应用研究，提升施工质量和效率，降低安全风险。

该阶段主要包括：BIM 施工模型建立；细化设计；专业协调；成本管理与控制；施工过程管理；质量安全监控；地下工程风险管控；交付竣工模型等内容应用。

运营维护阶段主要包括：

研究“互联网+”环境下的工程总承包项目多参与方协同工作模式，建立并应用基于互联网的协同工作系统，实现工程项目多参与方之间的高效协同与信息共享。

研究制定工程总承包项目基于 BIM 的多参与方成果交付标准，实现从设计、施工到运行维护阶段的数字化交付和全生命期信息共享。

该阶段三要包括：运营维护模型建立；运营维护管理；设备设施运行监控；应急管理等内容应用。

评价时应遵循：

规划设计阶段和运营维护阶段 BIM 分别至少应涉及 2 项重点内容应用，施工阶段 BIM 至少应涉及 3 项重点内容应用，方可得分。

当在两个及以上阶段应用 BIM 时，应基于同一 BIM 模型开展，有效解决数据信息资源共享问题，否则不认为在多个阶段应用了 BIM 技术。

9.2.7　进行建筑碳排放计算分析，采取措施降低单位建筑面积碳排放强度，评价分值为 12 分。

【评价要点】

评价专业	评价要点	建议提交材料及要求
建筑物理	审阅碳排放计算分析报告。	碳排放计算分析报告：内容应包括设计建筑固有的碳排放量、标准运行工况下的资源消耗碳排放量以及建筑碳排放强度，相关节能减排措施等。

【实施要点】

本条综合性较强，主要策略有建筑被动式设计、主动式优化、节能产品选用、绿色建材的选用、本地材料利用等降低建筑材料消耗的措施。进行碳排放计算分析时，报告需注意以下要点：

1. 建筑全生命期碳排放总量中占比最大的两大部分是建筑固有的碳排放量（建材生产及运输的碳排放）和标准运行工况下的碳排放量（标准运行工况的预测碳排放量和实际运行碳排放量），在碳排放量计算时，应把握住这两大部分，计算固有碳排放量和标准运行工况下的碳排放量；

2. 建筑碳排放计算方法及碳排放因子可参照国家或北京市的现行相关标准；

3. 评价阶段主要分析建筑固有的碳排放量和标准运行工况下建筑运行产生的碳排放量；对于投入运行一年的建筑，主要分析建筑固有的碳排放量和基于实际运行数据，得出实际运行阶段的碳排放量。计算中采用的建筑设计寿命应与设计文件一致，当设计文件不能提供时，应按 50 年计算。计算范围应包括暖通空调、生活热水、照明及电梯、可再生能源、建筑碳汇系统在建筑运行期间的碳排放量。

9.2.8 按绿色施工的要求进行施工和管理，评价总分值为 20 分，并按下列规则分别评分并累计：

1 获得绿色施工优良等级或绿色施工示范工程认定，得 8 分；

2 采取措施减少预拌混凝土损耗，损耗率降低至 1.0%，得 4 分；

3 采取措施减少现场加工钢筋损耗，损耗率降低至 1.5%，得 4 分；

4 现浇混凝土构件采用铝模等免墙面粉刷的模板体系，得 4 分。

【评价要点】

评价专业	评价要点	建议提交材料及要求
施工	1. 审阅绿色施工相关认定文件； 2. 审阅预拌混凝土损耗控制措施，对不使用预拌混凝土的项目，第 2 款不得分； 3. 审阅现场加工钢筋损耗控制措施，对不使用钢筋的项目，第 3 款不得分； 4. 审阅选择的模板体系。	1. 相关绿色建造施工水平评价证牌或绿色施工示范工程评价结果证明文件：应为平台公告文件或证书、奖牌（截图、扫描件或照片）； 2. 混凝土用量结算清单、预拌混凝土进货单，施工单位统计计算的预拌混凝土损耗率：签审批流程应完整、签字齐全，资料内容交圈； 3. 钢筋用量结算清单、钢筋进货单，施工单位统计计算的钢筋使用率，现场钢筋加工的钢筋工程量清单、施工单位统计计算的现场加工钢筋损耗率：签审批流程应完整、签字齐全，资料内容交圈； 4. 施工组织设计、铝模等模板材料设计方案及施工日志：签审批流程完整、签字齐全，资料内容交圈。

【实施要点】

第 2 款：评价过程中以抽查为主，查阅预拌混凝土供货合同、预拌混凝土进货单、预拌混凝土工程量计算单等，在施工中应保证数据记录的真实性、及时性，避免资料不全或时间不符影响评价；

第 3 款：评价过程中以抽查为主，从钢筋进货单、钢筋工程量清单、钢筋用量结算清单或其他有关证明材料等几方面查阅，在施工中应保证数据记录的真实性、及时性，避免资料不全或时间不符影响评价；

第 4 款：施工组织设计及模板工程施工方案中应明确铝模等材料使用的位置、周转次数等内容及采取的技术措施，在使用过程中，应对模板使用部位、周转情况等数据清晰记录，并进行汇总计算。

9.2.9　采用建设工程质量潜在缺陷保险产品，评价总分值为 20 分，并按下列规则分别评分并累计：

1　保险承保范围包括地基基础工程、主体结构工程、屋面防水工程和其他土建工程的质量问题，得 10 分；

2　保险承保范围包括装修工程、电气管线、上下水管线的安装工程，供热、供冷系统工程的质量问题，得 10 分。

【评价要点】

评价专业	评价要点	建议提交材料及要求
施工	审阅建设工程质量保险产品保单，核查其约定条件和实施情况。	建设工程质量保险产品保单。

【实施要点】

投保范围应进行针对性策划与落实。施工阶段的质量控制落实到位。

9.2.10　采取节约资源、保护生态环境、保障安全健康、智慧友好运行、传承历史文化等其他创新，并有明显效益，评价分值为 40 分。每采取一项，得 10 分，最高得 40 分。

1　单体或区域项目在超低能耗、健康、智慧等方面进行了专项设计和实施，评价总分值为 10 分；

【评价要点】

评价专业	评价要点	建议提交材料及要求
建筑、结构、施工、物业管理	1. 审阅竣工图纸中有关项目在超低能耗、健康、智慧等其中任一方面是否进行了全部申报范围的专项设计； 2. 审阅专项设计内容实施后是否通过专家组评审； 3. 审阅专家组的评审意见，或项目的相关称号、证书（如有）等。	1. 建筑专业竣工图-建筑设计说明：明确项目在超低能耗、健康、智慧等其中任一方面的专项设计要求； 2. 其他材料：专项设计内容实施后的专家组评审意见，或相关称号、证书（如有）等证明材料。

【实施要点】

应对超低能耗、健康、智慧等其中一方面进行专项策划、设计、施工，并按相关要求开展专家评审。有相关评价或认证的，应取得相关称号或证书。

2 按百年建筑设计和实施的项目，评价总分值为 10 分；

【评价要点】

评价专业	评价要点	建议提交材料及要求
建筑、结构、机电	1. 审阅建筑百年建筑实施专篇是否满足要求； 2. 审阅结构专业结构设计工作年限是否为 100 年； 3. 审阅建筑专业是否采用 SI 建筑体系，以及是否对建筑填充体采用干式工法做法； 4. 审阅机电专业是否实施管线分离，提供的管线分离比例计算书是否满足要求； 5. 审阅建筑专业装修是否采用不少于 3 种装配化装修的集成部品体系。	1. 百年建筑实施专篇：明确各专业实施百年建筑的做法； 2. 结构专业竣工图-结构设计总说明：明确结构设计工作年限为 100 年，以及相关技术要求； 3. 建筑专业竣工图-建筑设计说明、各层平面图：明确采用 SI 建筑体系及平面做法，明确建筑填充体采用干式工法及具体做法； 4. 电气专业、给水排水专业、暖通空调专业竣工图：依据北京市地方标准《装配式建筑评价标准》DB11/T 1831-2021 中的要求满足电气管线、给水排水管线分离均达到 80%，供暖管线分离达到 100%； 5. 建筑专业竣工图-装修设计说明、各层平面图：明确采用了不少于 3 种装配化装修的集成部品体系及工程做法； 6. 其他材料：专家组评审意见或相关称号、证书等证明材料（如有）。

【实施要点】

设计时，组织编写建筑百年建筑实施专篇，并结合各专业要求深化和完善设计图纸，以及相关计算书，并与竣工图保持一致。实施过程中根据设计要求采购材料并实施建设。有相关评价或认证的，应取得相关称号或证书。

3 对建筑运行性能信息进行公开与披露，并对披露指标进行更新，评价总分值为 10 分。

【评价要点】

评价专业	评价要点	建议提交材料及要求
物业管理	1. 审阅公开与披露信息的具体内容是否齐全； 2. 审阅公开披露指标是否满足要求（至少公开披露五项指标，与设计指标的差异）；	1. 相关竣工图； 2. 公开与披露的信息内容与方式的证明文件； 3. 涉及公开披露各性能的相关检测报告；

续表

评价专业	评价要点	建议提交材料及要求
物业管理	3. 审阅用户反馈报告是否满足要求（至少满足五项用户满意度调查）； 4. 审阅是否实现动态更新和定期更新（一年一次）。	4. 调试和运行记录； 5. 用户反馈报告； 6. 动态更新和定期更新的证明文件； 7. 绿色建筑使用手册、使用指南等指导材料。

【实施要点】

运营单位对建筑运行性能信息进行多方式、多渠道的公开与披露，如：申报单位网站、售楼处宣传展示屏、物业管理办公室、绿色建筑入口等显眼位置、政府部门公共宣传平台（网站、微信公众号、APP 等），或在绿色建筑质量承诺书、绿色建筑销售合同、物业服务合同等对建筑运行性能信息进行公开与披露。在此基础上对披露内容实现动态更新、定期更新（一年一次），并提交相关指标的检测报告，定期（每年不少于一次）开展使用者满意度调查，根据用户反馈调整建筑运行策略，以提升用户满意度，最大限度地发挥绿色建筑效益。使用过程应关注运行性能与设计指标的偏差，低于设计指标的应及时查找问题、纠偏、改进。

4　采用性能良好的建筑保温与结构一体化技术，评价总分值为 10 分；

【评价要点】

评价专业	评价要点	建议提交材料及要求
建筑	1. 审阅是否采用了性能良好的建筑保温与结构一体化技术； 2. 审阅采用一体化技术的应用比例； 3. 保温装饰一体化技术不能评价得分。	1. 建筑专业竣工图-设计说明、外墙节点详图：明确建筑保温与结构一体化技术做法的设计内容； 2. 建筑专业竣工图-楼层平面图、结构专业竣工图-楼层结构平面布置图：明确采用建筑保温与结构一体化技术的墙体； 3. 建筑保温与结构一体化技术应用比例计算书； 4. 主管部门建筑保温与结构一体化的认定文件（如有）。

【实施要点】

性能良好的建筑保温与结构一体化技术包括：预制混凝土夹心保温剪力墙板体系；预制混凝土夹心保温外挂墙板体系；内侧无基

层墙体或基层墙体及保温材料采用干式工法作业的建筑幕墙体系；外墙结构层、复合保温板由金属连接件连成一体、可靠连接，层间设置混凝土挑板，形成保温与外墙一体的复合保温体系；其他可达到保温与结构一体化的技术。

建筑保温与结构一体化技术应用比例＝（地上部位实施保温与结构一体化技术表面积/建筑地上外围护结构总面积）×100％。

建筑保温与结构一体化技术应用比例要求参考现行北京市地方标准《装配式建筑评价标准》DB11/T 1831-2021 中围护墙与保温、装饰一体化评价要求。

设计阶段应协调结构专业，结合结构体系选型与外饰面要求，选择适宜的建筑保温与结构一体化技术。

实施阶段，应做好材料采购和施工的质量控制。涉及“四新”技术的应进行相关论证。

5　*采用技术手段，实施智慧物业管理，评价总分值为 10 分；*

【评价要点】

评价专业	评价要点	建议提交材料及要求
电气	1. 审阅智慧物业管理系统是否具备 PC 端、移动端和后台服务器（本地或云端服务器）功能； 2. 审阅门禁管理、停车管理、安防管理、楼宇管理、运营管理、财务管理、维修管理、物业公司内部管理等是否至少具备 3 种类型，满足在线服务、在线监管、在线协同办公、在线评估等多种功能； 3. 审阅是否制定了智慧物业管理制度； 4. 审阅智慧物业管理系统的数据收集、分析功能，是否具备分析优化公共设施运营效果、消除安全隐患； 5. 审阅智慧物业管理系统是否建立涵盖绿色建筑项目的档案文件，文件目录、文件夹是否关联、装载相关文件或更新的日志资料，审阅智慧物业管理运行的历史记录及照片、截图、视频文件等证明材料。 上述 5 项评价要点都达标得 10 分，部分实现不得分。	1. 电气专业竣工图-智能化系统相关图：包括智慧物业平台设计方案、系统图、装修图； 2. 智慧物业管理系统采购合同清单：包括 PC 端、移动端和后台服务器（本地或云端服务器）及产品合格证，智慧物业管理软件测试报告，PC 端和移动端与后台服务器进行实时交互、智能联动的监控记录，硬件与软件运行稳定； 3. 智慧物业管理制度：包括智慧物业管理系统数据收集、数据处理及问题改进等内容； 4. 智慧物业管理系统档案管理文件：包括文件目录、涵盖绿色建筑项目的档案文件和数据库运维管理文件、更新日志等； 5. 智慧物业管理软件运行的历史记录证明文件：包括物业问题发现与改进过程的影像记录，体现在线服务、在线监管、在线协同办公、在线评估等多种功能，提升物业服务质量、效率和监管水平的历史记录对照，全年在线调查反馈及时解决问题；多元化需求满意度调查历史记录，包括文字、照片、视频记录。

【实施要点】

设计阶段，在智能化系统设计时与各专业、后续深化设计单位、相关管理部门协调完善采用的技术手段，确定智慧管理的模块功能、性能要求，并充分考虑从前期开始到实施智慧物业管理的全过程，策划制定适用具体建筑的智慧管理架构、子系统功能，落实采用技术手段对应的智能化系统设计、智慧管理平台建设相关配合内容。

运行阶段，制定智慧物业管理制度，做好绿色建筑项目的档案管理和数据库运维管理，涵盖绿色建筑项目的档案文件，文件目录、文件夹应关联、装载相关文件或更新日志。以智能化系统竣工图、智能化硬件与软件采购清单为基础，充分利用智能化系统与智慧管理软件功能，收集运行 1 年的历史数据，日、周、月和年度数据分析记录文件，问题反馈处理与改进措施、改进效果证明文件，整理智慧物业管理证明材料，提交相关的运行记录文档以及照片、截图、视频文件。

6　制定并实施公共卫生突发事件处置预案，定期开展相关演练活动，并对公共区域和公用设备根据使用特点和使用频率进行日常消毒，评价总分值为 10 分；

【评价要点】

评价专业	评价要点	建议提交材料及要求
物业管理	1. 审阅物业相关管理制度是否包含应对公共卫生突发事件的要求，是否制定了完善的应急预案、公共区域和公用设备的日常消毒方案； 2. 审阅针对突发事件的演练，一年至少组织一次； 3. 审阅公共区域和公用设备的日常消毒记录。	1. 物业管理相关制度； 2. 应急预案； 3. 演练照片、参与演练人员登记表及演练记录； 4. 日常消毒方案和消毒记录。

【实施要点】

1. 物业管理机构在制定公共卫生突发事件处置预案时，要充分考虑所管理辖区人群的主要特点，所在地区的易发流行病种类等，分类分级地制定详细的预防措施和应对策略。

2. 物业管理机构宜成立突发性公共卫生事件的应急处置领导小组，负责对公共卫生突发事件进行统一上报、统一指挥和统一处理。

3. 公共卫生突发事件处置预案的相关演练，除物业管理人员参加外，宜覆盖一定范围的业主，不仅能提升物业管理人员面对公共卫生突发事件的处置能力，也能对业主起到预防和宣传的作用，增强演练效果，并有利于在面对公共卫生突发事件时，有效、有序地开展相关应对措施。

4. 受新型冠状病毒疫情的影响，很多公共建筑和居住建筑，都已将对公共区域和公用设备的消毒纳入日常管理中，物业管理机构当以此为鉴，将未来可能发生的其他重大公共卫生突发事件的预防和应急响应纳入日常管理中。

7　绿色建筑施工过程中加强非实体材料的利用、建筑垃圾的减量化利用和回收再利用，注重绿色施工技术的融合应用及成果推广，评价总分值为 10 分；

【评价要点】

评价专业	评价要点	建议提交材料及要求
施工	1. 审阅结构、机电、装饰装修实体材料损耗率是否比定额损耗率降低 30%； 2. 审阅非实体材料（模板除外）可重复使用率是否不低于 70%； 3. 审阅建筑施工现场建筑垃圾（不含工程渣土、工程泥浆）排放量是否满足：新建建筑不高于 270t/万 m^2，装配式建筑施工现场建筑垃圾（不含工程渣土、工程泥浆）排放量不高于 180t/万 m^2；主要建筑垃圾回收再利用率是否达到 50%以上； 4. 审阅绿色施工技术的融合应用及成果推广工作开展情况。 上述 4 项评价要点都达标得 10 分，部分实现不得分。	1. 绿色施工实施方案； 2. 施工单位统计计算的实体材料损耗率和非实体材料可重复利用率，各类材料统计台账及施工日志，固废排放量统计数据； 3. 绿色施工信息化管理软件应用及效果说明； 4. 预制化或工厂化构配件成品或半成品质量证明文件； 5. 科技成果评价报告及成果证明文件-科技成果评价证书、授权发明专利、获政府科技奖项，其中： 科技成果评价证书（单位为前三完成单位）、授权发明专利（单位为前三专利权人）、获政府省部级科技奖项（一等奖和二等奖单位为前五完成单位，三等奖单位为前三完成单位）、获政府国家科技奖项（一等奖和二等奖单位为前八完成单位）。

【实施要点】

施工现场通过降低实体材料的损耗率、提高非实体材料的重复利用率来实现资源的节约。

施工现场应采取有效措施进行建筑垃圾减量化管理，降低建筑垃圾产出量，建筑垃圾应进行资源化再利用。

现场可以采用装配式施工技术、信息化、数字化施工技术、现场废弃物减排及回收再利用技术等多种技术手段，也可融合应用信息化技术管理平台、智慧工地管理系统等软件设施，来提高绿色施工管理水平。

鼓励建筑施工企业开展有关绿色施工技术开发及推广应用的研究，经过第三方的科技成果评价，对成果的技术水平先进性及推广应用价值评价，提供相关证明材料。

在管理过程中应做到数据记录的完整性、真实性、及时性。各类材料损耗率应分别统计，工程各类材料应按重量统计，分别建立台账。

8　采用绿色金融类产品，保证绿色建筑的星级和性能，评价总分值为 10 分；

【评价要点】

评价专业	评价要点	建议提交材料及要求
建筑	审阅项目是否采用了绿色金融产品，是否明确了建成后的绿色建筑星级和性能，是否与竣工图的要求一致，履约情况等。	1. 建筑专业竣工图-建筑设计说明：绿色建筑的星级和性能要求； 2. 专项报告：明确项目采用绿色金融产品的类别，并包括建成后的绿色建筑满足的星级和性能要求（如有）； 3. 建设工程绿色金融产品投保或发行计划，相关履约情况说明等。

【实施要点】

实施过程中编制专项报告，对项目采用的绿色金融类产品予以说明，专项报告内容中应包含保证项目建成后的绿色建筑星级和性能。采用的绿色金融类产品若为绿色建筑保险，存在出险情况的，还应提供赔付证明及对项目的维保、验收等相关材料。

9　采用上述条款外的其它创新，并取得明显效益，每采取一项，得 10 分。

第四部分　参考资料

1　绿色建筑标识管理信息系统使用指南

1.1　系统简介

1.1.1　核心功能

住房城乡建设部将绿色建筑标识管理信息系统（网址：http：//lsjz. jzjn. mohurd. gov. cn）定位为服务绿色建筑标识认定工作，可供申报单位申报项目，专家审查项目，各级绿色建筑标识认定相关管理人员开展形式审查、初审、推荐（三星级项目）、组织专家评审等。

1.1.2　用户角色

系统采用“企业账号-子账号”的双级模式，企业账号具有项目管理功能，能实现人员管理、项目进度管理等功能。

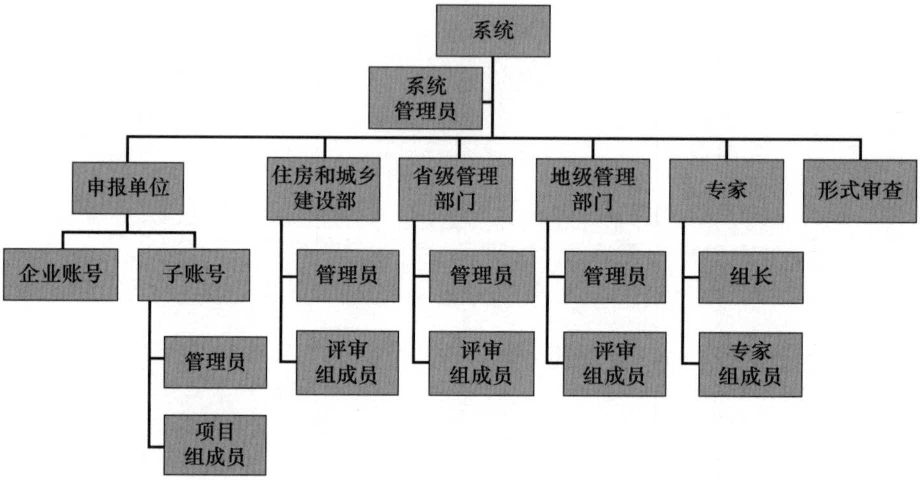

1.1.3 标识认定流程（以三星级项目申报为例）

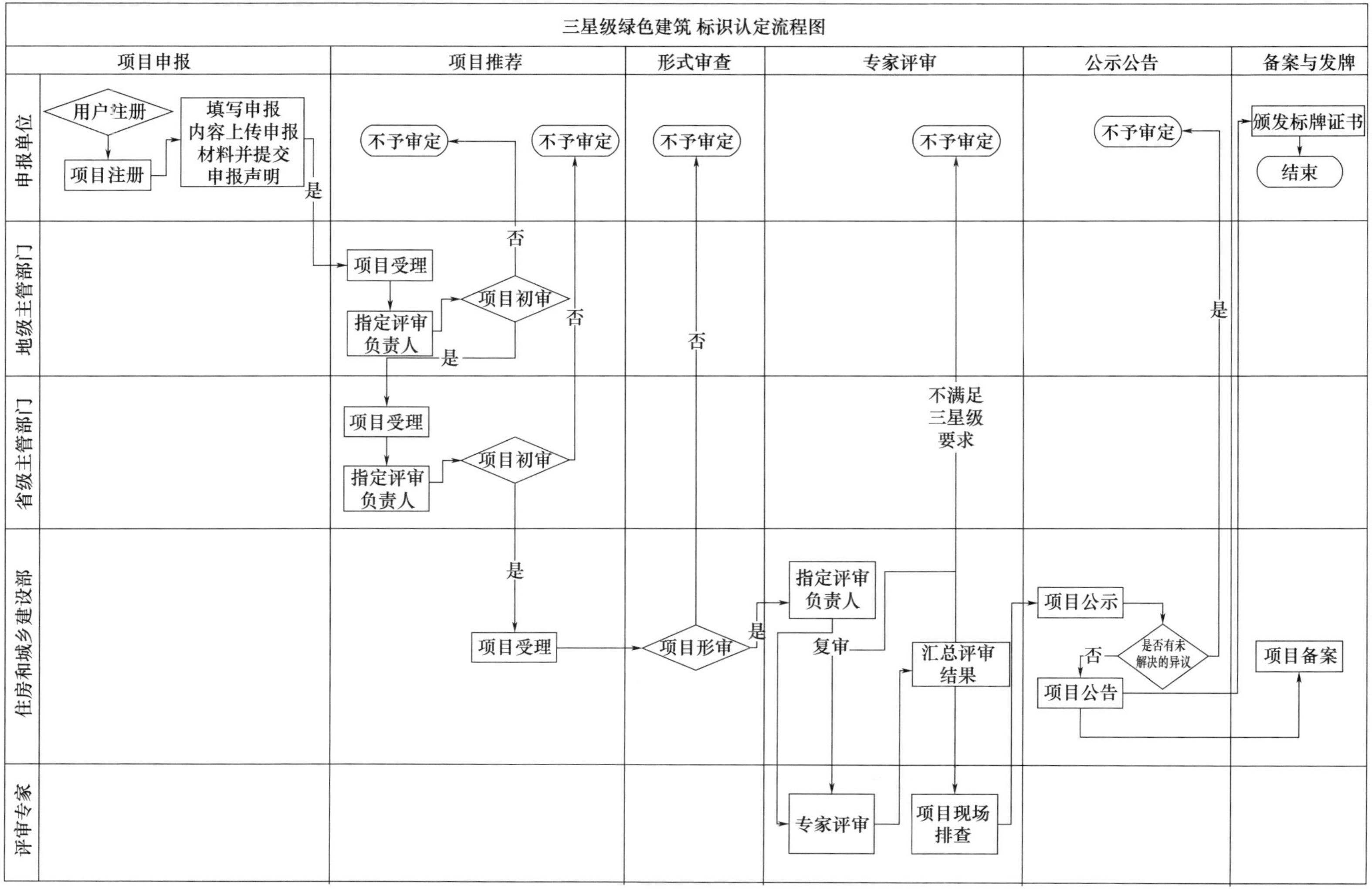

1.2 操作说明

本指南介绍申报单位和审查专家的操作方法。

1.2.1 申报单位

1.2.1.1 注册账号

进入系统登录界面后，点击“注册新用户”链接，进入账号创建界面。

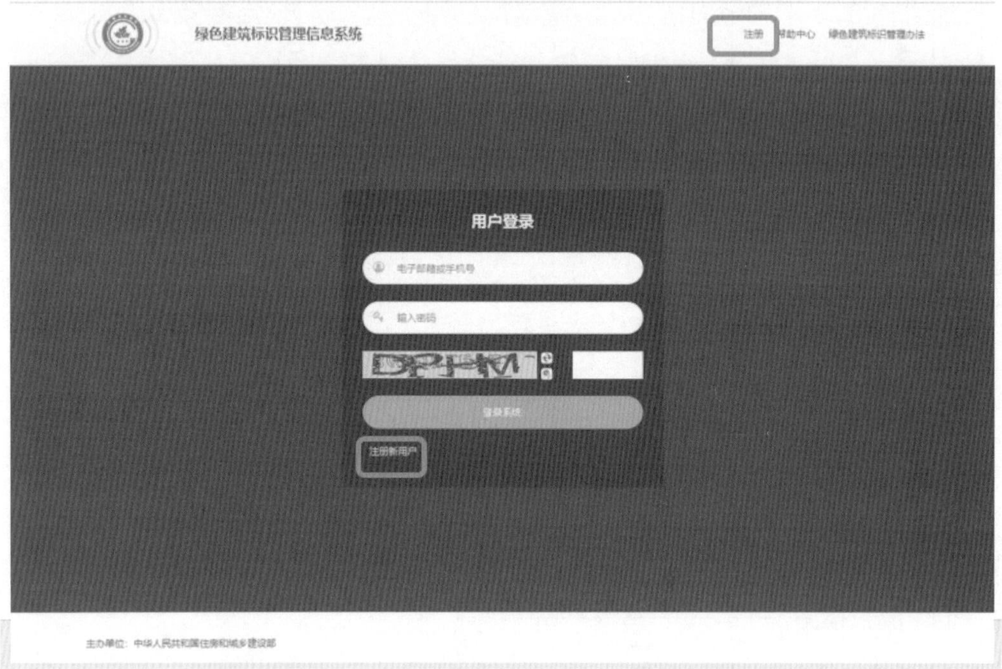

填写个人信息，创建个人账号。邮箱账号和手机号码均可作为登录账号，请务必填写真实信息。

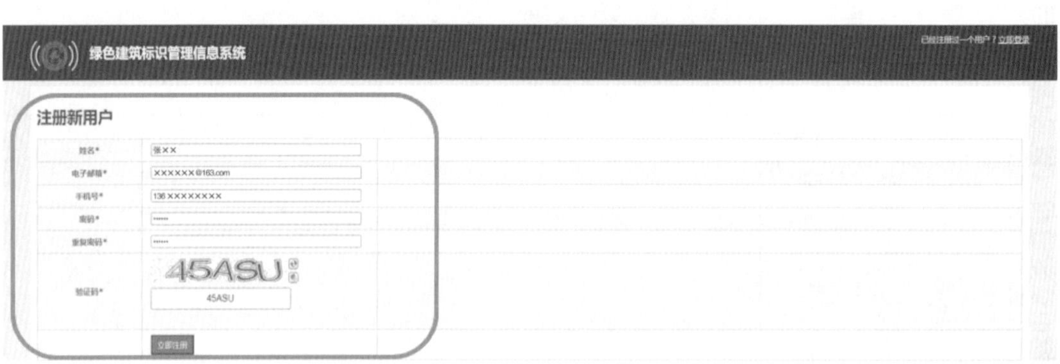

1.2.1.2 个人账号与企业账号关联

个人账号注册成功后，用户需要加入公司或创建新公司，将个人账号与企业账号关联。

一个单位只能注册一个企业账号（单位名称和统一社会信用代码不能重复）。企业账号注册成功后，个人账号可以申请加入企业账号（加入后需要企业账号确认）。单位账号可以通过搜索姓名添加子账号。

以个人账号创建公司，注册人将成为该企业账号的管理员（企业账号注册登录信息中的 E-mail 用户名，最好填写非个人邮箱，如 support@example. com，greenbuilding @example. com 等管理性质的邮箱，方便日常管理控制和日后的交接沿用）。

1. 2. 1. 3　邀请公司成员加入

在“我的组织成员”页面，点击成员列表中的“查找选择…”链接，在弹出窗口中搜索公司成员完整姓名（公司成员须提前注册好个人账号），选择添加。公司成员登录系统点击“同意”加入，即完成该公司成员加入流程。公司成员可以创建项目，开展绿色建筑标识项目申报工作，企业账号管理员可查看本单位所有项目。

1. 2. 1. 4　创建项目

在菜单栏点击表示创建项目的“十”号按钮。选择或填写项目基本信息。

1.2.1.5　组建项目团队

在“项目成员”界面，点击“查找选择…”打开用户添加窗口。可从公司成员中选择用户加入，也可通过搜索查找任意用户。项目团队组建完成后，可进行项目材料提交、任务分配等工作。

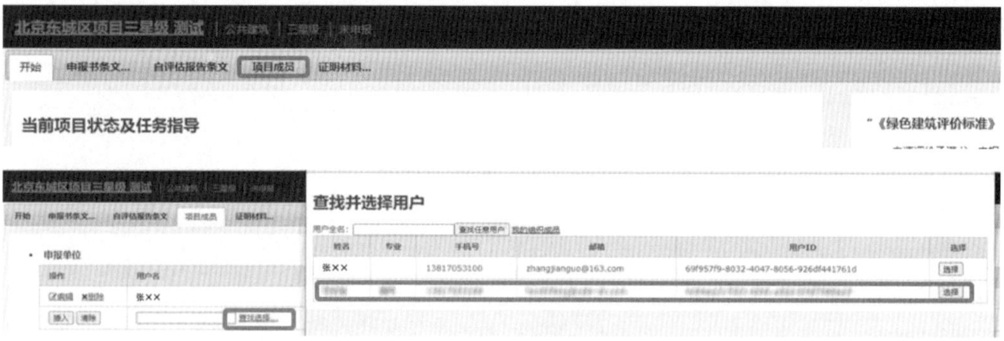

1.2.1.6　分配条文

在“项目成员”界面点击“条文分配”，可将条文材料提交任务指派给团队成员，团队成员登录后即可执行指定项目任务。

1.2.1.7　填写申报书和自评估报告

填写申报书和自评估报告，并提交相关证明材料。

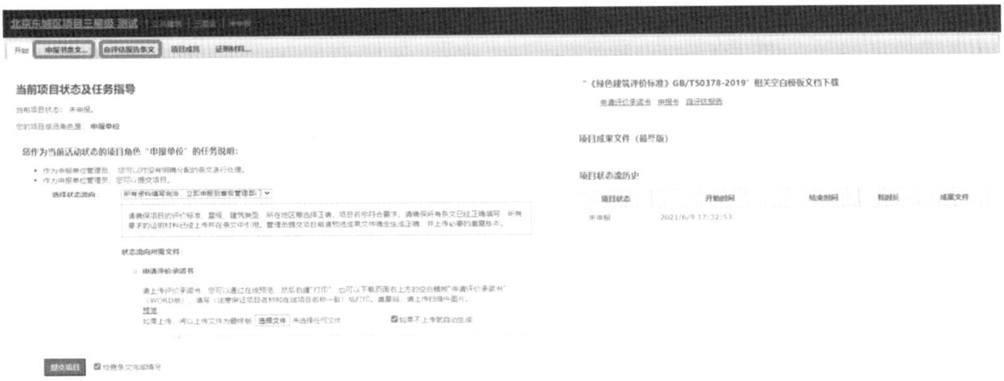

逐项填写申报书内容。

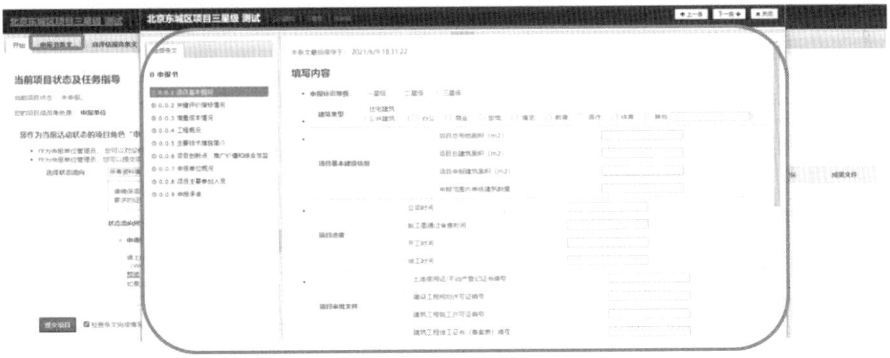

逐条填写自评估报告内容。条文详细信息填写完毕后，请及时保存。

点击条文页面的“选择文件”，打开文件管理器窗口。点击“上传文件”，可从本机选取文件。系统支持压缩包上传和解压，压缩包必须为 zip 格式。可对已上传的文件进行管理，如移动（剪切、粘贴）、删除、重命名等。

选择上传成功的文件，添加至条文中。添加完成后，请注意保存。

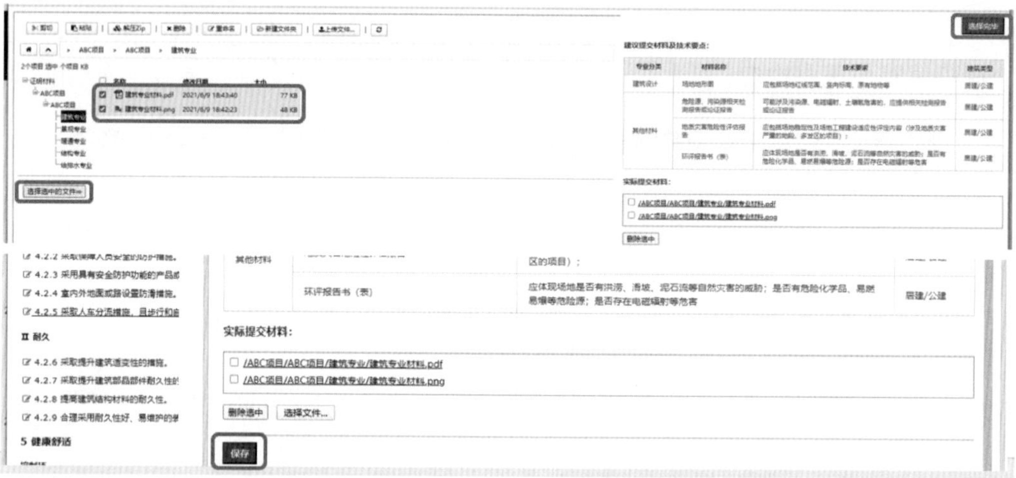

填写过程中，可随时查看项目得分情况。

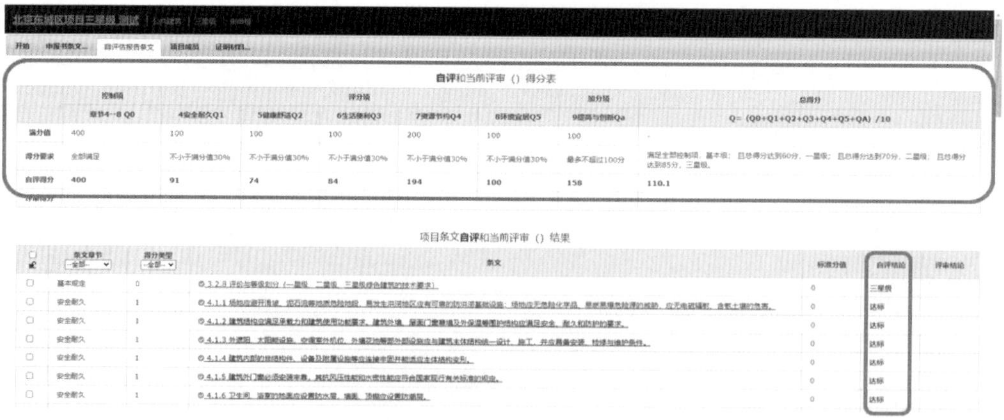

1.2.1.8 上传承诺书，提交项目

项目申报材料准备完毕后，在【开始】页面，上传盖章扫描的承诺书，并点击“提交项目”按钮，完成项目申报。

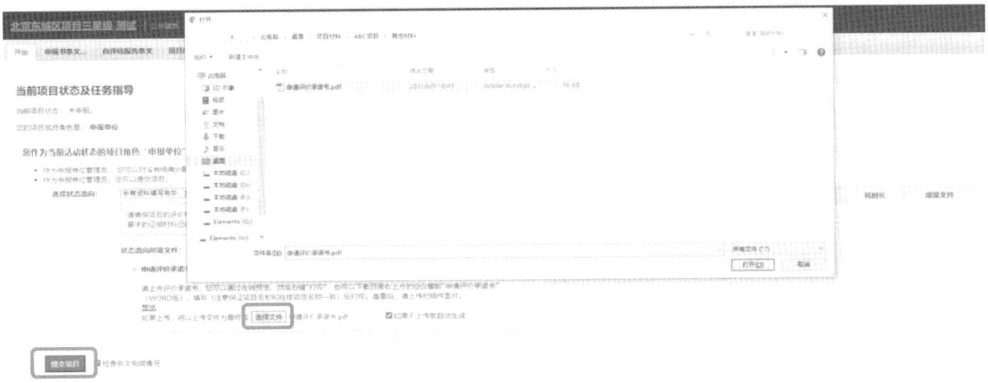

1.2.1.9　查看项目审查意见

提交项目后，相关管理部门受理后将组织开展形式审查、初审、专家审查等工作。申报单位需及时登录系统，查看项目各阶段审查意见。

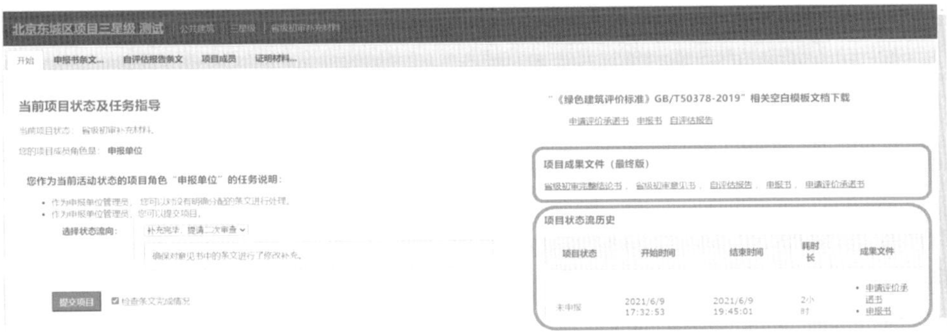

1.2.1.10　修改完善项目材料

申报单位需根据审查意见在相应位置修改完善项目材料。

1.2.1.11　填报年度运行主要指标

获得绿色建筑标识的项目运营单位或业主，应强化绿色建筑运行管理，加强运行指标与申报绿色建筑星级指标比对管理，每年将年度运行主要指标上报绿色建筑标识管理信息系统。

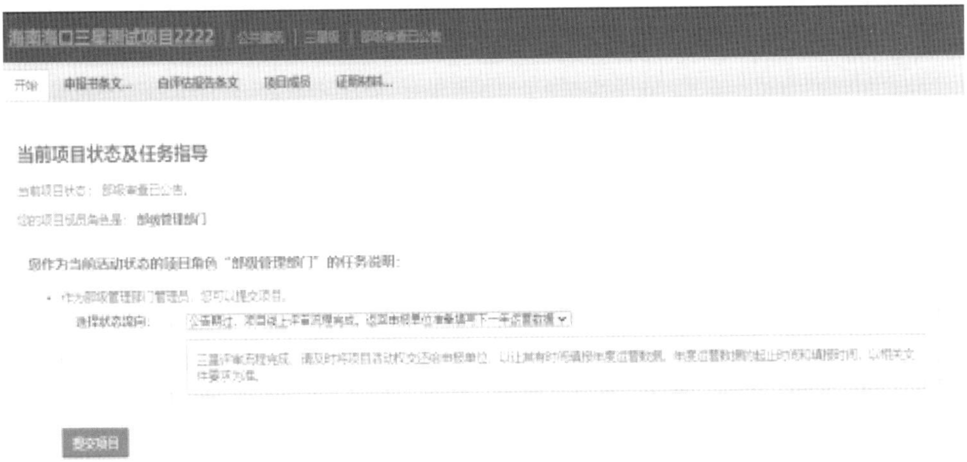

1.2.2 审查专家

1.2.2.1 登录系统

审查专家进入系统登录界面后，输入账号（注册邮箱账号或手机号）、密码等信息登录系统。

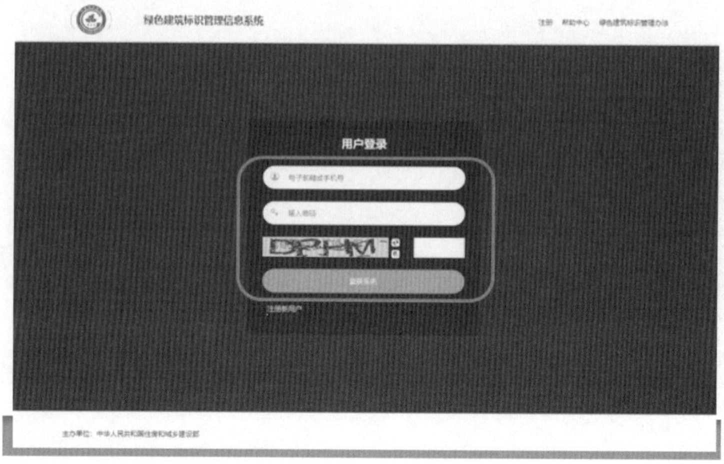

1.2.2.2 查看项目

在“我的待处理项目”中可以看到申报项目的名称、编号、项目所在地、申报标准、申报等级、建筑类型、项目状态［为“部级（或省级）专家审查”］、状态改变时间等信息。点击项目名称，可进入项目详情页面。

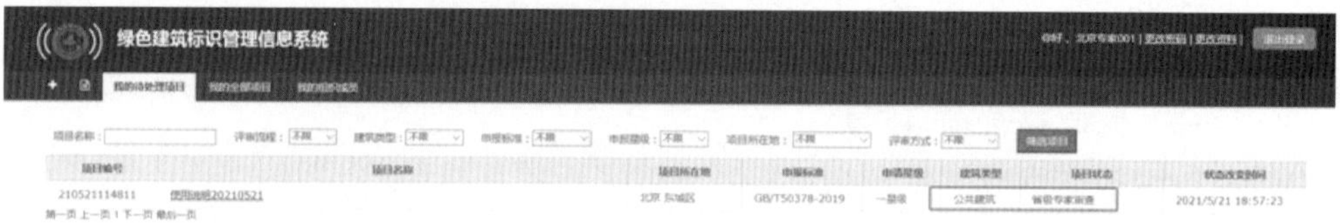

1.2.2.3 专家确认承诺书

打开项目后，页面会弹出关于“项目评审承诺书”窗口，请仔细阅读相关内容，如无异议，选择“我同意”，正式开始进行专家审查。

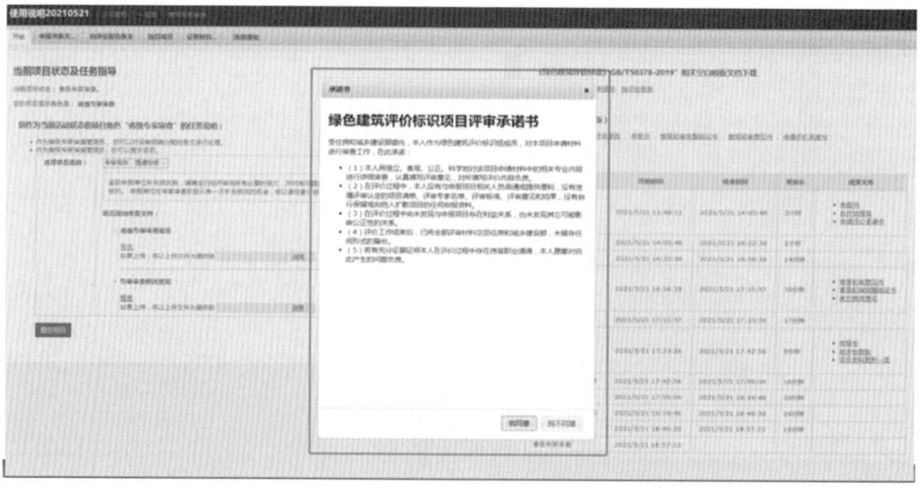

1.2.2.4　条文评审

查看自评估报告条文，可以在条文列表中看到条文的自评情况。

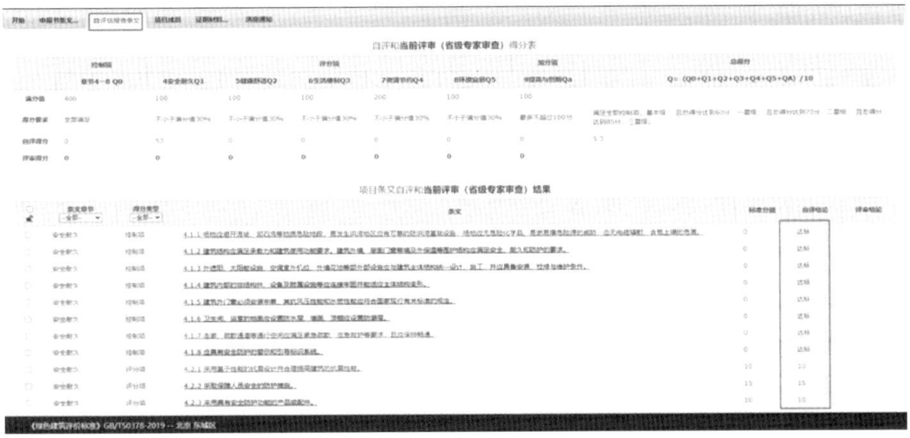

进入条文详情页，默认显示“我的条文”。专家审查自己负责审查的条文，在对应位置填写专家审查意见。

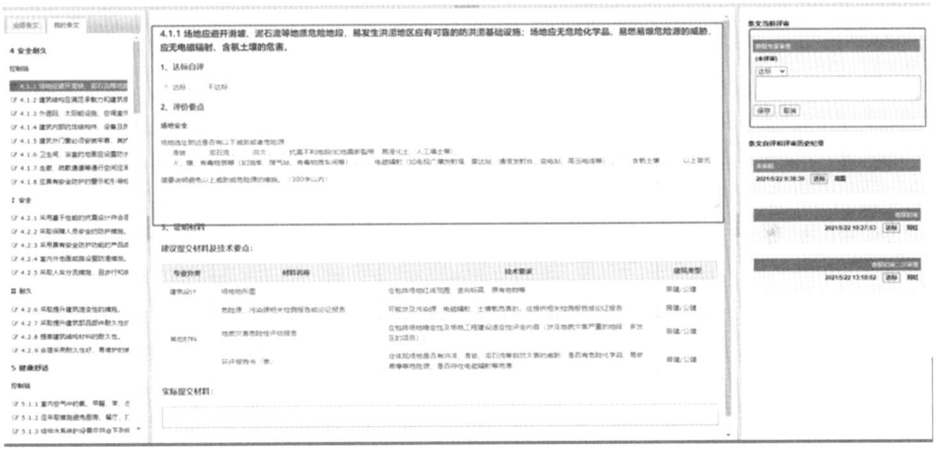

条文审查完成后，返回条文列表页面，可在评审结论处看到全部条文的评审情况。上方得分表也会实时显示评审得分。

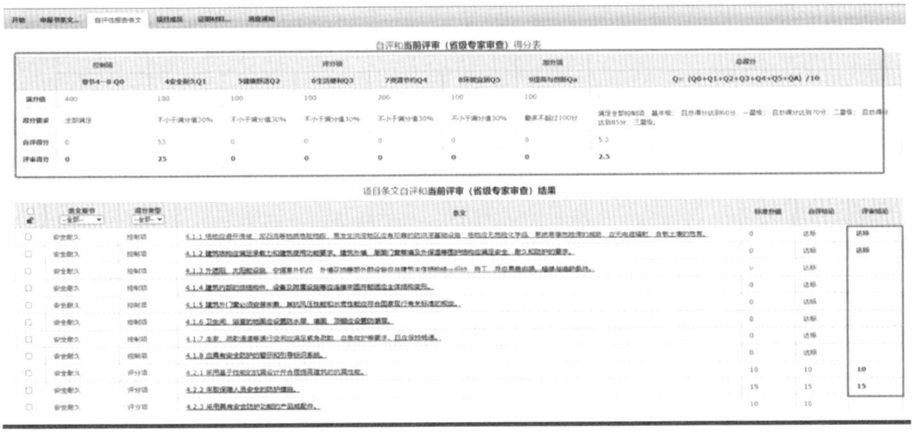

1.2.2.5 提交评审结果

专家组成员审查完成后，在【开始】处点击“我的条文已处理完毕”。

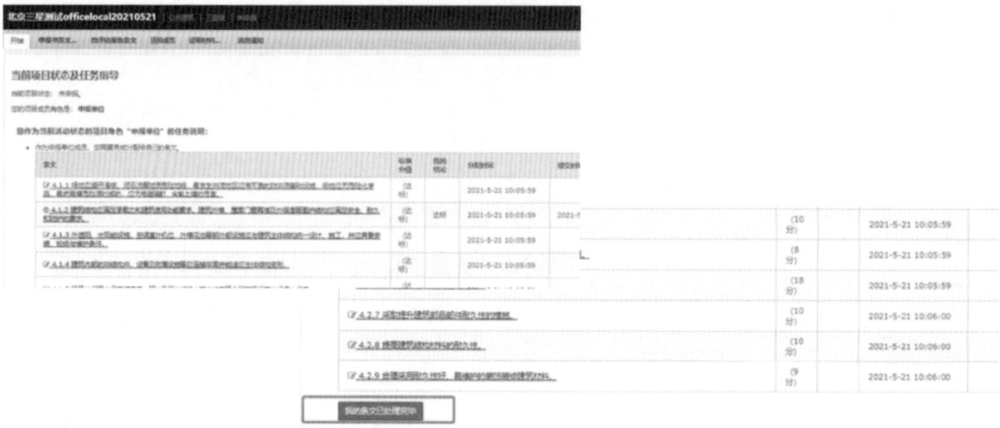

专家组长在专家组成员评审结果提交完成后，点击【开始】处的“提交项目”，将项目整体审查结果提交到管理部门。

2　北京市地方标准《绿色建筑评价标准》（DB11/T 825—2021）关联条文梳理

章节名称	条文类别	条文编号	关联条文
安全耐久	控制项	4.1.1	8.2.1、9.2.3
		4.1.2	4.1.3、4.1.5、4.2.2、4.2.3
		4.1.3	4.1.2、7.2.14
		4.1.4	7.2.14
		4.1.5	4.1.2、4.2.2、4.2.3
		4.1.6	4.2.9
		4.1.7	4.1.8、8.1.5
		4.1.8	5.1.3、5.2.5、8.1.5、8.2.4
	评分项	4.2.1	—
		4.2.2	4.1.2、4.1.5、4.2.3
		4.2.3	4.1.2、4.1.5、4.2.2
		4.2.4	—
		4.2.5	—
		4.2.6	—
		4.2.7	7.1.7
		4.2.8	—
		4.2.9	7.2.18
健康舒适	控制项	5.1.1	5.2.1、5.2.2、7.2.18、8.2.4
		5.1.2	—
		5.1.3	5.2.3、5.2.4、5.2.5

续表

章节名称	条文类别	条文编号	关联条文
健康舒适	控制项	5.1.4	5.2.6、5.2.7、8.2.6
		5.1.5	—
		5.1.6	5.1.7、5.2.9
		5.1.7	5.1.6
		5.1.8	—
		5.1.9	—
	评分项	5.2.1	5.1.1、5.1.2、5.2.2、6.2.7、7.2.18、8.2.4
		5.2.2	7.2.18
		5.2.3	5.1.3、5.2.4、7.2.13
		5.2.4	5.1.3、5.2.3
		5.2.5	5.1.3
		5.2.6	5.1.4、5.2.7、8.2.6
		5.2.7	5.1.4、5.2.6
		5.2.8	5.2.11
		5.2.9	5.1.6、5.2.10、5.2.11
		5.2.10	5.2.9、8.2.8
		5.2.11	5.2.8、5.2.9、7.2.4、9.2.1
生活便利	控制项	6.1.1	6.2.2、4.1.8 、8.1.5
		6.1.2	6.2.1
		6.1.3	6.2.6
		6.1.4	7.2.3
		6.1.5	—
		6.1.6	—

续表

章节名称	条文类别	条文编号	关联条文
生活便利	评分项	6.2.1	6.1.2
		6.2.2	6.1.1
		6.2.3	6.1.3、6.2.1、6.2.4
		6.2.4	—
		6.2.5	—
		6.2.6	—
		6.2.7	—
		6.2.8	6.2.11、7.1.7
		6.2.9	—
		6.2.10	9.2.10-5
		6.2.11	4.2.7、6.2.6、6.2.8、6.2.10、6.2.12、7.1.7、7.2.10、7.2.11
		6.2.12	—
		6.2.13	—
资源节约	控制项	7.1.1	5.1.7、5.2.11、7.2.4
		7.1.2	7.2.4、7.2.6、9.2.1
		7.1.3	5.1.8、7.1.2、7.2.5
		7.1.4	5.1.5、7.2.7
		7.1.5	6.2.6、7.1.2、7.2.5
		7.1.6	—
		7.1.7	7.2.13、8.2.5
		7.1.8	4.2.1
		7.1.9	—
		7.1.10	—

续表

章节名称	条文类别	条文编号	关联条文
资源节约	评分项	7.2.1	7.2.2、8.2.3
		7.2.2	7.2.1、7.2.3
		7.2.3	7.2.1
		7.2.4	7.1.2、7.2.8、9.2.1
		7.2.5	7.1.2、7.2.8、9.2.1
		7.2.6	7.2.8、9.2.1
		7.2.7	—
		7.2.8	—
		7.2.9	—
		7.2.10	3.2.8、6.2.11、7.1.7
		7.2.11	6.2.11、7.1.7、7.2.13
		7.2.12	7.1.7、7.2.13
		7.2.13	7.1.7、8.2.5
		7.2.14	3.2.8
		7.2.15	4.2.8、9.2.5
		7.2.16	4.2.7、4.2.9
		7.2.17	—
		7.2.18	5.2.2、7.2.17
环境宜居	控制项	8.1.1	8.2.3、8.2.9
		8.1.2	8.1.3、8.2.3、8.2.8
		8.1.3	8.1.2、8.2.3、8.2.8、9.2.4
		8.1.4	7.1.7、8.2.2、8.2.5
		8.1.5	4.1.8、5.1.1、8.2.4

续表

章节名称	条文类别	条文编号	关联条文
环境宜居	控制项	8.1.6	5.1.2、8.1.7
		8.1.7	—
	评分项	8.2.1	7.2.12、8.1.3、8.1.4、8.2.2、8.2.5
		8.2.2	7.1.7、7.2.12、8.1.4、8.2.5
		8.2.3	4.2.2、7.2.1、7.2.2、8.1.3、8.1.2
		8.2.4	5.1.1、8.2.8
		8.2.5	7.1.7、7.2.12、8.1.4、8.2.1、8.2.2
		8.2.6	5.1.4、5.2.6
		8.2.7	5.2.8
		8.2.8	7.1.1、8.1.2、8.2.4
		8.2.9	8.1.1、8.1.2
提高与创新	加分项	9.2.1	7.1.2、7.2.4、7.2.5、7.2.6、7.2.8
		9.2.2	9.2.3
		9.2.3	9.2.2
		9.2.4	8.1.3、8.2.3
		9.2.5	—
		9.2.6	—
		9.2.7	3.2.8、6.2.11、7.1.1、7.1.2、7.1.4、7.2.4、7.2.5、7.2.6、7.2.7、7.2.8、7.2.9
		9.2.8	7.1.10（第 2 款）
		9.2.9	3.1.5、9.2.10-8
		9.2.10	4.2.8（第 2 款百年建筑）
			5.1.9、5.2.1、6.1.5、6.1.6、6.2.6、6.2.7、6.2.8、6.2.9、6.2.10、6.2.12、7.1.4、7.1.5、7.1.6、7.2.7、9.2.10-1（第 5 款智慧物业与其他智能化条款的关联）
			7.2.17（第 7 款）
			3.1.5、9.2.9（第 8 款）

3 北京市地方标准《绿色建筑评价标准》(DB11/T 825—2021）技术指标表

<table>
<tr><th>章节名称</th><th>条文编号</th><th>条文内容</th><th colspan="2">指标要求内容</th><th>建议至少得分指标</th></tr>
<tr><td rowspan="3">安全耐久</td><td rowspan="3">4.2.4</td><td rowspan="3">防滑等级</td><td colspan="2">建筑出入口及平台、公共走廊、电梯门厅、厨房、浴室、卫生间等</td><td>B_d、B_w 级</td></tr>
<tr><td colspan="2">建筑室内外活动场所</td><td>A_d、A_w 级</td></tr>
<tr><td colspan="2">建筑坡道、楼梯踏步</td><td>A_d、A_w 级或按水平地面等级提高一级</td></tr>
<tr><td rowspan="12">健康舒适</td><td rowspan="3">5.2.1</td><td rowspan="3">空气污染物浓度</td><td colspan="2">氨、甲醛、苯、总挥发性有机物、氡等污染物浓度比现行国家标准《室内空气质量标准》GB/T 18883 规定限值</td><td>低 10%</td></tr>
<tr><td colspan="2">室内 $PM_{2.5}$ 年均浓度</td><td>不高于 25μg/m³</td></tr>
<tr><td colspan="2">室内 PM_{10} 年均浓度</td><td>不高于 50μg/m³</td></tr>
<tr><td>5.2.2</td><td>装饰装修材料</td><td colspan="2">满足国家现行绿色产品评价标准中对有害物质限量的要求</td><td>不小于 3 类</td></tr>
<tr><td>5.2.3</td><td>各类水质</td><td colspan="2">直饮水、集中生活热水、游泳池水、采暖空调系统用水、景观水体等的水质满足国家现行有关标准的要求</td><td>标准要求</td></tr>
<tr><td>5.2.4</td><td>成品水箱</td><td colspan="2">符合现行国家标准《二次供水设施卫生规范》GB 17051 和现行行业标准《二次供水工程技术规程》CJJ 140 要求</td><td>标准要求</td></tr>
<tr><td>5.2.6</td><td>室内噪声级</td><td colspan="2">噪声级达到现行国家标准《民用建筑隔声设计规范》GB 50118</td><td>低限标准限值和高要求标准限制的平均值</td></tr>
<tr><td rowspan="2">5.2.7</td><td rowspan="2">构件隔声性能</td><td colspan="2">构件及相邻房间之间的空气声隔声性能达到现行国家标准《民用建筑隔声设计规范》GB 50118</td><td>低限标准限值和高要求标准限制的平均值</td></tr>
<tr><td colspan="2">楼板的撞击声隔声性能达到现行国家标准《民用建筑隔声设计规范》GB 50118</td><td>低限标准限值和高要求标准限制的平均值</td></tr>
<tr><td rowspan="3">5.2.8</td><td rowspan="3">利用天然采光</td><td>住宅建筑</td><td>主要功能房间采光照度值不低于 300lx 的时数平均不少于 8h/d 的面积比例</td><td>达到 60%</td></tr>
<tr><td rowspan="2">公共建筑</td><td>内区采光系数满足采光要求的面积比例</td><td>不小于 60%</td></tr>
<tr><td>地下空间平均采光系数不小于 0.5% 的面积与地下室首层面积的比例</td><td>达到 10%</td></tr>
</table>

续表

章节名称	条文编号	条文内容	指标要求内容		建议至少得分指标
健康舒适	5.2.8	利用天然采光	公共建筑	主要功能空间采光照度值不低于采光要求的小时数平均不少于4h/d的面积比例	达到60%
	5.2.9	室内热湿环境	采用自然通风或复合通风的建筑	室内温度达到适应性热舒适温度区间的时间比例 T_m	达到30%
			采用人工冷热源的建筑	室内人工冷热源热湿环境整体评价Ⅱ级的面积比例 R_m	达到60%
	5.2.10	自然通风优化	住宅建筑	通风开口面积与房间地板面积的比例	达到5%
			公共建筑	主要功能房间平均自然通风换气次数不小于2次/h的面积比例	达到70%
	5.2.11	可调节遮阳	可调节遮阳设施的面积占外窗透明部分的比例		达到25%
生活便利	6.2.1	公共交通设施	场地出入口到达公共交通站点的步行距离		不大于500m
			场地出入口到达轨道交通站点的步行距离		不大于800m
			场地出入口步行距离800m范围内设有公共交通站点数量（含公共交通站点、轨道交通站点）		不少于2条
	6.2.3	便利的公共服务	住宅建筑	场地出入口到达幼儿园的步行距离	不大于300m
				场地出入口到达小学的步行距离	不大于500m
				场地出入口到达中学的步行距离	不大于1000m
				场地出入口到达医院的步行距离	不大于1000m
				场地出入口到达群众文化活动设施的步行距离	不大于800m
				场地出入口到达老年人日间照料设施的步行距离	不大于500m
				场地周边500m范围内具有的商业服务设施种类	不少于3种
			公共建筑	建筑内兼容面向社会的公共服务功能种类	至少2种
				电动汽车充电桩的车位数占总车位数的比例	不低于10%
				周边设有社会公共停车场范围	500m内

续表

章节名称	条文编号	条文内容	指标要求内容				建议至少得分指标
生活便利	6.2.4	开敞空间步行可达	场地出入口到达居住区公园或城市公园绿地、广场的步行距离				不大于 300m
			场地出入口到达中型多功能运动场地的步行距离				不大于 500m
	6.2.5	健身场地和空间	室外健身场地面积占总用地面积的比例				不少于 0.5%
			专用健身慢行道长度				不少于用地红线周长的 1/4 且不少于 105m
			室内健身空间的面积占地上建筑面积				不少于 0.3%且不少于 $60m^2$
			楼梯间距离主入口的距离				不大于 15m
	6.2.8	用水远传计量系统	管道漏损率				低于 5%
	6.2.9	智能化服务系统	服务功能				至少 3 种
	6.2.11	节水用水定额	建筑平均日用水量				小于节水用水定额上限值、大于平均值要求
资源节约	7.2.1	节约集约用地	住宅建筑	人均居住用地	建筑气候区划Ⅱ	平均 3 层及以下	$33<A\leqslant36$
						平均 4～6 层	$27<A\leqslant30$
						平均 7～9 层	$20<A\leqslant21$
						平均 10～18 层	$16<A\leqslant17$
						平均 19 层及以上	$12<A\leqslant13$
			公共建筑	容积率	行政办公、商务办公、商业金融、旅馆饭店、交通枢纽		$1.0\leqslant R<1.5$
					教育、文化、体育、医疗卫生、社会福利		$0.5\leqslant R<0.8$
	7.2.2	地下空间	住宅建筑	地下建筑面积与地上建筑面积的比率 R_r			达到 5%
				地下一层建筑面积与总用地面积的比率 R_p			0
			公共建筑	地下建筑面积与总用地面积之比 R_{p_1}			达到 0.5
				地下一层建筑面积与总用地面积的比率 R_{p_2}			0
	7.2.3	地面停车	住宅建筑	地面停车位数量与住宅总套数的比率			小于 10%

续表

章节名称	条文编号	条文内容	指标要求内容			建议至少得分指标
资源节约	7.2.3	地面停车	公共建筑	地面停车占地面积与其总建设用地面积的比率		小于 8%
	7.2.4	热工性能	围护结构热工性能比国家现行相关建筑节能设计标准规定的提高幅度			达到 5%
			建筑供暖空调负荷降低			达到 5%
	7.2.5	冷热源机组能效	电动机驱动的蒸气压缩循环冷水（热泵）机组	制冷性能系数	现行国家标准《公共建筑节能设计标准》GB 50189	提高 6%
			直燃型溴化锂吸收式冷（温）水机组	制冷、供热性能系数（*COP*）		提高 6%
			单元式空气调节机、风管送风式和屋顶式空调机组	能效比（*EER*）		提高 6%
			多联式空调（热泵）机组	制冷综合性能系数［*IPLV*（*C*）］		提高 8%
			锅炉-燃煤	热效率		提高 3 个百分点
			锅炉-燃油燃气	热效率		提高 2 个百分点
			房间空气调节器	能效比（*EER*）、能源消耗效率	现行有关国家标准	节能评价值
			家用燃气热水炉	热效率值（η）		
			蒸汽型溴化锂吸收式冷水机组	制冷、供热性能系数（*COP*）		
	7.2.6	供暖空调末端及输配系统	通风空调系统风机的单位风量耗功率比现行国家标准《公共建筑节能设计标准》GB 50189 等的规定			低 20%
			集中供暖系统热水循环泵的耗电输热比、空调冷热水系统循环水泵的耗电输冷（热）比比现行国家标准《民用建筑供暖通风与空气调节设计规范》GB 50736 规定值			低 20%
	7.2.7	照明功率密度	照明功率密度值达到现行国家标准《建筑照明设计标准》GB 50034 规定的目标值			主要功能房间满足要求
	7.2.7	节能型电气设备	照明产品、三相配电变压器、水泵、风机等设备满足国家现行有关标准			节能评价值要求
	7.2.8	建筑能耗	建筑能耗相比国家现行有关建筑节能标准			降低 10%

续表

章节名称	条文编号	条文内容	指标要求内容			建议至少得分指标
资源节约	7.2.9	可再生能源	由可再生能源提供的生活用热水比例 R_{hw}			达到 20%
			由可再生能源提供的空调用冷量和热量比例 R_{ch}			达到 20%
			由可再生能源提供的电量比例 R_e			达到 0.5%
	7.2.10	卫生器具水效	使用卫生器具用水效率等级达到二级占比			达到 105%
	7.2.13	非传统水源	绿化灌溉、车库及道路冲洗、洗车用水采用非传统水源的用水量占其总用水量的比例			不低于 40%
			冲厕采用非传统水源的用水量占其总用水量的比例			不低于 30%
			冷却水补水采用非传统水源的用水量占其总用水量的比例			不低于 20%
	7.2.14	土建装修一体化	土建与装修一体化设计户数占比			达到 105%
	7.2.15	高强结构材料	混凝土结构	400MPa 级及以上强度等级钢筋应用比例		达到总量的 85%
				混凝土竖向承重结构采用强度等级不小于 C50 混凝土用量占竖向承重结构中混凝土总量的比例		达到 50%
			钢结构	Q345 及以上高强钢材用量占总钢材的比例		达到 50%
				螺栓连接等非现场焊接节点占全部连接、拼接节点的数量比例		达到 50%
	7.2.16	工业化内装部品	建筑装修选用工业化内装部品占同类部品用量比例达到 50%以上的部品种类			达到 1 种
	7.2.17	可再循环利用材料及利废建材	住宅建筑	可再循环材料和可再利用材料用量比例		达到 6%
			公共建筑	可再循环材料和可再利用材料用量比例		达到 10%
			采用一种利废建材，其占同类建材的用量比例			达到 50%
	7.2.18	绿色建材	获得绿色建材评价标识的建材应用比例			达到 30%
环境宜居	8.2.2	径流总量控制	场地年径流总量控制率			达到 55%
	8.2.3	绿化用地	住宅建筑	绿地率		达到规划指标 105%
				人均集中绿地面积	新区建设	0.5m^2
					旧区改建	0.35m^2
			公共建筑	绿地率		达到规划指标 105%

续表

章节名称	条文编号	条文内容	指标要求内容		建议至少得分指标
环境宜居	8.2.5	绿色雨水基础设施	下凹式绿地、雨水花园等有调蓄雨水功能的绿地和水体的面积之和占绿地面积的比例		达到 40%
			硬质铺装地面中透水铺装面积的比例		达到 50%
	8.2.6	环境噪声	优于现行国家标准《声环境质量标准》GB 3096 的要求		环境噪声值大于 2 类声环境功能区标准限值，且小于等于 3 类声环境功能区标准限值
	8.2.7	光污染	玻璃幕墙		符合现行国家标准《玻璃幕墙光学性能》GB/T 18091 的规定
			玻璃幕墙可见光反射比		不大于 0.3，其他特殊设置条件下的要求符合现行国家标准《玻璃幕墙光学性能》GB/T 18091 的规定
			室外夜景照明光污染的限制		符合现行国家标准《室外照明干扰光限制规范》GB/T 35626 和现行行业标准《城市夜景照明设计规范》JGJ/T 163 的规定
	8.2.8	风环境	冬季典型风速和风向条件下	建筑物周围人行区距地高 1.5m 处风速	小于 5m/s
				户外休息区、儿童娱乐区风速	小于 2m/s
				室外风速放大系数	小于 2
				除迎风第一排建筑外，建筑迎风面与背风面表面风压差	不大于 5Pa
			过渡季、夏季典型风速和风向条件下	50%以上可开启外窗室内外表面的风压差	大于 0.5Pa
	8.2.9	热岛效应	场地中处于建筑阴影区外的步道、游憩场、庭院、广场等室外活动场地设有乔木、花架等遮荫措施的面积比例		住宅建筑：达到 30%
					公共建筑：达到 10%
			场地中处于建筑阴影区外的机动车道，路面太阳辐射反射系数不小于 0.4 或设有行道树的路段长度		超过 70%
			屋顶的绿化面积、太阳能板水平投影面积以及太阳辐射反射系数不小于 0.4 的屋面面积		达到 75%

续表

章节名称	条文编号	条文内容	指标要求内容	建议至少得分指标
提高与创新	9.2.1	建筑综合能耗	建筑供暖空调系统能耗相比国家现行有关建筑节能标准	降低 40%
	9.2.4	绿容率	计算值	不低于 3.0
			实测值	不低于 3.0
	9.2.5	预制构件	主体结构采用装配式混凝土结构，地上部分预制构件应用混凝土体积占混凝土总体积的比例	达到 35%
	9.2.7	二氧化碳排放计算分析	单位建筑面积二氧化碳排放量	
	9.2.8	绿色施工	预拌混凝土损耗率	降低至 1.0%
			现场加工钢筋损耗率	降低至 1.5%

4　北京市地方标准《绿色建筑评价标准》（DB11/T 825—2021）标识认定材料及清单

材料分类	材料名称	要求说明
1 制式材料	基础材料	（1）绿色建筑标识申报承诺函
		（2）申报书
		（3）自评估报告（一、二星级申报项目填报模板为北京市相关部门所制模板，三星级申报项目填报模板为住房和城乡建设部所制模板）
	申报单位材料	各申报单位简介、资质证书、统一社会信用代码证
	项目相关材料	（1）项目立项审批文件
		（2）项目竣工备案或联合验收文件（三星级申报项目提供）
		（3）申报绿色建筑标识项目电耗限额情况说明（公共建筑申报项目提供）
		（4）项目选用绿色技术措施增量成本列表
2 图纸材料	相关图纸	（1）项目区位图
		（2）场地地形图
		（3）建筑专业竣工图与设计说明
		（4）结构专业竣工图与设计说明
		（5）电气专业竣工图与设计说明
		（6）暖通空调专业竣工图与设计说明
		（7）给水排水专业竣工图及设计说明
		（8）景观专业竣工图及设计说明
		（9）建筑智能化竣工图及设计说明
		（10）装修专业竣工图及设计说明
		（11）玻璃幕墙深化图
		（12）外部设施专业竣工图
		（13）设备及附属设施相关的专业竣工图
		（14）钢结构专业竣工图
		（15）木结构专业竣工图
		（16）工业化内装部品竣工图、设计说明
		（17）标识系统设计文件
		（18）涉及环境卫生相关内容的竣工图
		（19）室外夜景照明竣工图
3 控制项材料	3.1 安全耐久	（1）工程地质勘察报告
		（2）环境影响评价书（表）
		（3）地质灾害危险性评估报告（位于市及各区地质灾害防治规划中提及的地质灾害严重或多发区的地段提供）
		（4）地震安全性评价报告（处在建筑抗震不利和危险地段的项目提供）

续表

材料分类	材料名称	要求说明
3 控制项材料	3.1 安全耐久	(5) 相关检测报告或论证报告（涉及危险化学品、易燃易爆危险品危险源、电磁辐射、土壤氡污染等地段）
		(6) 结构计算书
		(7) 结构及围护结构安全、耐久、防护性能相关的检测报告
		(8) 使用过程管理与维护记录
		(9) 结构与围护结构的竣工验收合格证明
		(10) 外部设施专业竣工图
		(11) 外部设施相关的查验记录与维修记录
		(12) 竣工验收报告等相关证明文件
		(13) 设备及附属设施相关的专业竣工图
		(14) 相关连接节点计算书
		(15) 连接件、配件、预埋件的材料及力学性能等检测检验报告
		(16) 非结构构件、设备及附属设施相关的管理与维修记录
		(17) 外门窗性能检测报告
		(18) 防水和防潮措施说明及防水验收证明
		(19) 建筑日常维护相关管理规定及日常记录
		(20) 标识系统设计与设置说明
		(21) 标识系统现场影像资料
	3.2 健康舒适	(1) 建筑及装修材料使用说明
		(2) 室内空气质量现场检测报告
		(3) 禁止吸烟措施说明文件
		(4) 禁烟标志设置的实景照片
		(5) 气流组织模拟分析报告（如有）
		(6) 防止排气倒灌相关产品性能检测报告或质量合格证书
		(7) 水质检测报告
		(8) 项目储水设施清洗消毒管理制度、储水设施清洗消毒工作记录
		(9) 自带水封便器的产品说明书
		(10) 非传统水源管道和设备标识设置说明
		(11) 噪声分析报告
		(12) 主要功能房间的室内噪声级检测报告
		(13) 主要构件隔声性能的实验室检测分析报告
		(14) 分户墙两侧房间隔声性能现场检测报告（住宅建筑提供）
		(15) 楼板撞击声隔声性能的现场检测报告（住宅建筑提供）
		(16) 建筑照明功率密度计算分析报告（如有装修区域）
		(17) 照明产品说明书、灯具规格书及产品型式检验报告
		(18) 主要功能房间照度值、照明功率密度值的照明现场检测报告
		(19) 典型房间空调期间室内温湿度检测报告

续表

材料分类	材料名称	要求说明
3 控制项材料	3.2 健康舒适	（20）新风机组风量检测报告
		（21）空调期间的二氧化碳浓度检测报告
		（22）建筑节能设计专篇及节能计算书
		（23）建筑围护结构防结露验算计算书
		（24）建筑围护结构隔热性能验算计算书
		（25）建筑围护结构内部冷凝验算计算书
		（26）空调、采暖末端装置产品说明书和合格证书
		（27）地下车库通风系统运行记录（已投入使用的项目提供）
	3.3 生活便利	（1）无障碍设计重点部位影像资料
		（2）周边公共交通站点布局示意图
		（3）专用接驳车服务的实施方案
		（4）公交站点或专用接驳车运行的影像资料（已投入使用的项目提供）
		（5）电动汽车停车位和无障碍停车位实景影像资料
		（6）不适宜使用自行车专项说明材料（对于在地形坡度变化大、自行车不适宜作为交通工具的地区）
		（7）自行车停车场所的现场影像资料
		（8）建筑设备监控系统竣工验收记录
		（9）建筑设备监控系统自动监控管理运行记录（已投入使用的项目提供）
		（10）信息网络系统设计文件
		（11）信息网络系统竣工验收文件
	3.4 资源节约	（1）建筑节能计算书及建筑节能审查相关文件
		（2）建筑日照模拟计算报告
		（3）节能工程验收记录
		（4）部分负荷性能系数（*IPLV*）计算书、系统综合性能系数（*SCOP*）计算书
		（5）建筑照明功率密度检测报告
		（6）能耗分项计量表计等产品相关进场记录
		（7）项目的能耗分项计量记录
		（8）电梯与自动扶梯人流平衡计算分析报告
		（9）相关产品型式检验报告
		（10）水资源利用方案
		（11）用水器具和设备的产品说明书或节水性能检测报告
		（12）建筑形体规则性判定报告
		（13）建筑工程造价决算清单
		（14）装饰性构件造价比例计算书
		（15）工程决算材料清单

续表

材料分类	材料名称	要求说明
3 控制项材料	3.4 资源节约	（16）预拌混凝土和预拌砂浆的购销合同、用量清单
		（17）距离施工现场 500km 以内的工厂生产的建筑材料重量占建筑材料总重量比例的计算书
	3.5 环境宜居	（1）日照模拟分析报告
		（2）场地热环境计算报告
		（3）建筑剖面图
		（4）植物订购合同
		（5）苗木采购清单或苗木出圃证明
		（6）场地总体绿地建设情况现场影像资料
		（7）总平面竖向设计图
		（8）雨水控制与利用专项设计（大于 $10hm^2$ 的场地提供）
		（9）场地雨水综合利用方案（小于 $10hm^2$ 的场地提供）
		（10）标识系统设计文件
		（11）标识现场影像资料
		（12）环境影响自评估报告
		（13）治理措施分析报告
		（14）运行期排放废气、废水等污染物的排放检测报告（已投入使用的项目提供）
		（15）排污许可证副本及其执行报告
		（16）环境卫生相关内容的竣工图
		（17）垃圾收集设施布置图
		（18）垃圾管理制度（已投入使用的项目提供）
4 评分项材料	4.1 安全耐久	（1）建筑结构抗震性能分析报告
		（2）结构设计计算书
		（3）隔震或消能减震计算书（采用隔震或消能减震设计的项目）
		（4）隔震装置或消能减震部件与结构连接大样图、检查及替换措施、检测检验报告
		（5）玻璃抗冲击性能检验报告
		（6）门窗或其他相关产品或配件针对安全防护功能的检测检验报告
		（7）竣工验收报告
		（8）防滑材料有关检测检验报告
		（9）管线分离比例计算书
		（10）长寿命产品有关产品说明书或检测报告
		（11）高耐久性结构材料检测报告或产品说明书
		（12）材料用量计算书、材料决算清单（多种类型构件的建筑提供）
		（13）耐久性好装饰装修建筑材料检测报告或产品说明书
	4.2 健康舒适	（1）室内空气质量现场检测报告

续表

材料分类	材料名称	要求说明
4 评分项材料	4.2 健康舒适	（2）$PM_{2.5}$ 和 PM_{10} 浓度预评估分析报告（尚未投入使用或投入未满 1 年的项目）
		（3）$PM_{2.5}$、PM_{10} 浓度计算报告
		（4）$PM_{2.5}$ 和 PM_{10} 浓度原始监测数据
		（5）工程决算材料清单
		（6）绿色产品有害物质检验报告
		（7）分散式末端直饮水器产品说明书或型式检验报告
		（8）水质检测报告
		（9）储水设施设备材料采购清单或进场记录、产品说明书
		（10）生活饮用水储水设施清洗消毒后水质检测报告
		（11）标识设置说明
		（12）主要功能房间的室内噪声检测报告
		（13）主要构件隔声性能的实验室检测分析报告、楼板撞击声隔声性能现场测试报告
		（14）分户墙两侧房间空气声隔声性能现场检测报告（住宅建筑提供）
		（15）建筑动态采光计算报告
		（16）建筑采光系数计算报告
		（17）建筑采光系数检测报告
		（18）建筑眩光分析报告
		（19）典型房间空调期间室内温湿度运行记录
		（20）室内温度模拟分析报告和舒适温度预计达标比例分析报告（自然通风或复合通风的项目提供）
		（21）*PMV*、*PPD* 预计达标比例分析报告（人工冷热源的项目提供）
		（22）基于实测数据的达标比例分析报告（已投入使用满 1 年的项目提供）
		（23）住宅建筑外窗实际可开启面积比例计算书
		（24）公共建筑室内自然通风模拟分析报告
		（25）遮阳系统计算分析报告
		（26）遮阳装置产品说明书
	4.3 生活便利	（1）周边公共交通站点布局示意图
		（2）公共交通站点和轨道交通站点的影像资料（投入使用的项目提供）
		（3）无障碍电梯产品说明书
		（4）周边公共服务设施布局示意图
		（5）周边社会停车场布局示意图
		（6）设施向社会共享的管理办法、实施方案、使用说明、工作记录等（对于公共建筑投入使用项目）
		（7）周边开敞空间布局示意图
		（8）开敞空间出入口影像资料
		（9）能源管理系统设备的相关产品型式检验报告

续表

材料分类	材料名称	要求说明
4 评分项材料	4.3 生活便利	（10）能源管理系统运行管理制度、体现本条运行监测、分析和管理的运行记录文档以及能源管理系统界面影像资料
		（11）空气质量监测系统设备的相关产品型式检验报告
		（12）空气质量监测系统的管理制度、历史监测数据、运行记录
		（13）水质在线系统的监测与发布系统说明
		（14）远传水表或水质监测设备的产品说明书或型式检验报告
		（15）漏损检测管理制度（或漏损检测、分析及整改情况报告）
		（16）水质监测管理制度（或水质监测记录）
		（17）智能化服务系统相关竣工图
		（18）智能化子项相关产品检验报告
		（19）智能化服务系统相关管理制度、历史监测数据、运行记录
		（20）节能、节水、节材、绿化的相关管理制度
		（21）节能、节水、节材、绿化的运维管理记录
		（22）运行管理机构的工作考核体系文件
		（23）建筑实测用水量计量报告
		（24）建筑平均日用水量计算书
		（25）绿色运营效果评估相关的工作制度文件
		（26）公共设施最近一年的巡检、调试、维保、标定记录
		（27）能耗管理制度、历年的能耗记录、节能诊断评估报告、优化方案
		（28）水质检测管理制度、历年的水质检测记录、检测报告、整改及公示记录
		（29）绿色教育宣传实践活动的内容和存档记录
		（30）实体或网络平台活动开展情况
		（31）绿色设施使用手册及发放记录
		（32）使用者满意度调查工作记录
		（33）年度调查报告及整改方案
	4.4 资源节约	（1）人均住宅用地计算书（住宅建筑提供）
		（2）容积率计算或说明书（公共建筑提供）
		（3）地下空间不适宜开发说明书
		（4）地下空间利用计算书
		（5）地面停车比例计算书
		（6）建筑节能计算书及建筑节能审查相关文件
		（7）供暖空调全年计算负荷的分析报告
		（8）节能竣工验收文件
		（9）冷热源机组产品说明、产品型式检验报告、节能产品认证试验报告
		（10）暖通空调冷热源设备的运行记录
		（11）输配系统相关各设备产品型式检验报告

续表

材料分类	材料名称	要求说明
4 评分项材料	4.4 资源节约	（12）空调、采暖系统设备计算书
		（13）照明功率密度计算分析报告
		（14）照明功率密度检测报告
		（15）照明产品、三相配电变压器、水泵、风机的产品型式检验报告
		（16）建筑能耗模拟计算书
		（17）暖通空调系统运行能耗统计数据及其节能率计算报告（已投入使用满 1 年的项目提供）
		（18）空调方案分析报告
		（19）可再生能源热水方案分析报告
		（20）可再生能源设备产品说明、产品型式检验报告
		（21）太阳能光伏发电方案分析报告
		（22）太阳能光伏发电设备产品说明、产品型式检验报告
		（23）节水器具设置比率计算书
		（24）节水器具设备采购清单或设备入场清单
		（25）给水排水器具、设备的产品说明书和节水性能检测报告
		（26）给水排水设备进场复验记录
		（27）节水灌溉产品说明书及检测报告
		（28）室外给水排水总平面竣工图
		（29）绿化灌溉竣工图
		（30）节水灌溉产品说明书及检测报告
		（31）绿化管理记录
		（32）绿化管理制度
		（33）用水量记录报告
		（34）产品说明书、产品节水性能检测报告
		（35）水资源利用方案
		（36）非传统水源利用率计算书
		（37）雨水利用计算书
		（38）景观水体补水用水计量运行记录
		（39）非传统水源水质检测报告
		（40）市政再生水（中水）供水协议
		（41）非传统水源用水量记录
		（42）土建与装修一体化施工方案
		（43）工程决算材料清单
		（44）高强度钢使用率计算书
		（45）高强度钢出厂质量证明、进场复验报告
		（46）竖向承重结构中高强度等级混凝土比例计算书

续表

材料分类	材料名称	要求说明
4 评分项材料	4.4 资源节约	（47）混凝土检验报告单
		（48）非现场焊接节点使用比例计算书及节点材料进场复验报告
		（49）采用免支撑的楼屋面板竣工图、施工方案或进场材料复验报告
		（50）工业化内装部品竣工图、设计说明
		（51）工业化内装部品用量比例计算书及统计表
		（52）可再循环材料和再利用材料使用率计算书
		（53）利废材料使用率计算书
		（54）可再利用材料、利废材料的相关检测报告
		（55）利废材料中废弃物掺量说明及证明材料
		（56）绿色建材产品性能检测报告
		（57）绿色建材工程采购合同
		（58）绿色建材标识证书
		（59）绿色建材使用比例计算书
		（60）应用的各类绿色建材的施工记录
	4.5 环境宜居	（1）生态补偿方案（包括生态保护措施及效果分析、水面保留方案、表层土利用相关图纸及说明文件、表层土收集利用量计算书等内容）
		（2）场地生态环境保护或修复措施实施的施工记录
		（3）水体或植被修复改造的过程照片
		（4）年径流总量控制率计算书
		（5）设计控制雨量计算书
		（6）人均集中绿地面积计算书（住宅建筑提供）
		（7）绿地开放证明文件（公共建筑提供）
		（8）室外吸烟区现场照片（已投入使用的项目提供）
		（9）场地环境噪声检测报告或场地环境噪声模拟分析报告（对新开发区进行场地环境噪声模拟预测分析）
		（10）玻璃幕墙厂家深化图及专项报告
		（11）玻璃幕墙光污染分析报告（超高层建筑提供）
		（12）玻璃幕墙产品光学性能检验报告及进场复检报告
		（13）室外夜景照明竣工图
		（14）室外夜景照明光污染防治报告
		（15）夜景照明灯具光度检验报告及进场复验报告
		（16）室外风环境模拟分析报告
		（17）项目户外休息区、儿童娱乐区等场地人活动区与周边建筑物的位置关系的实景影像资料
		（18）室外活动场地遮荫面积比例计算书
		（19）机动车道遮荫及高反射面积比例计算书

续表

材料分类	材料名称	要求说明
	4.5 环境宜居	（20）屋面面层材料太阳辐射光反射系数证明材料（进场复验或抽样送检检测报告）
		（21）屋面绿化、遮荫及高反射面积比例计算书
5 创新项材料	—	（1）建筑综合能耗节能率分析报告
		（2）建筑节能计算书及建筑节能审查相关文件
		（3）传承地域建筑文化的专项分析论证报告
		（4）场地或建筑检测报告
		（5）旧建筑再利用专项报告（旧建筑利用的项目提供）
		（6）废弃场地使用专项报告（废弃场地利用的项目提供）
		（7）绿容率计算书或植被叶面积测量报告、当地叶面积调研数据（如有）等证明材料
		（8）预制构件用量比例计算书
		（9）规划设计、施工建造、运行维护各阶段的 BIM 技术应用报告
		（10）碳排放计算分析报告
		（11）相关绿色建造施工水平评价证牌或绿色施工示范工程评价结果证明文件
		（12）混凝土用量结算清单、预拌混凝土进货单，施工单位统计计算的
		（13）预拌混凝土损耗率
		（14）钢筋用量结算清单、钢筋进货单，施工单位统计计算的钢筋使用率，现场钢筋加工的钢筋工程量清单、施工单位统计计算的现场加工钢筋损耗率
		（15）施工组织设计、铝模等模板材料设计方案及施工日志
		（16）建设工程质量保险产品保单
		（17）超低能耗、健康、智慧等其中任一方面的专项设计内容实施后的专家组评审意见或相关称号、证书等证明材料
		（18）百年建筑实施专篇
		（19）百年建筑专项设计内容实施后的专家组评审意见或相关称号、证书等证明材料
		（20）公开与披露的信息内容与方式的证明文件
		（21）涉及公开披露各性能的相关检测报告
		（22）调试和运行记录
		（23）用户反馈报告
		（24）动态更新和定期更新的证明文件
		（25）绿色建筑使用手册、使用指南等指导材料
		（26）建筑保温与结构一体化技术应用比例计算书
		（27）主管部门建筑保温与结构一体化的认定材料（如有）
		（28）智慧物业管理系统采购合同清单

续表

材料分类	材料名称	要求说明
5 创新项材料	—	（29）智慧物业管理软件运行的历史记录证明文件，包括物业问题发现与改进过程的照片、视频记录
		（30）智慧物业管理制度
		（31）公共卫生突发事件的物业管理相关制度、应急预案、演练照片、参与演练人员登记表及演练记录，日常消毒方案和消毒记录等
		（32）绿色施工实施方案
		（33）施工单位统计计算的实体材料损耗率和非实体材料可重复利用率，各类材料统计台账及施工日志，固废排放量统计数据
		（34）绿色施工信息化管理软件应用及效果说明
		（35）预制化或工厂化构配件成品或半成品质量证明文件
		（36）科技成果评价报告及成果证明文件——科技成果评价证书、授权发明专利、获政府科技奖项
		（37）建设工程绿色金融产品投保或发行计划或其他证明材料，相关履约情况说明等

电子版申报材料说明

1. 提交的证明材料应简洁，与申报无关的材料请剔除。

2. 承诺函、申报书、自评估报告、电耗限额情况说明、增量成本列表等须加盖各申报单位公章。

3. 提交的证明材料应按“材料分类”编辑成方便阅读的格式，应按以下要求编辑：

（1）DWG 设计文件应编辑为带图框信息的 PDF 文件；

（2）竣工图须为有竣工图章的 PDF 或带有电子竣工图章的电子文件；

（3）图片文件应按文件名或主题编辑为分册的方便阅读的 PDF 文件；

（4）WORD 文件应编辑为 PDF 文件；

（5）模拟所用的模型文件，保留原有格式不变；

（6）各文件必须包含完整的项目名称、完成单位、完成人等基本信息。

4. 提交的电子版申报材料必须与纸质版申报材料内容一致。

5　北京市地方标准《绿色建筑评价标准》（DB11/T 825—2021）条文专业划分表（推荐）

专业	序号	大类指标	条文编号	辅助评价专业	专业	序号	大类指标	条文编号	辅助评价专业	专业	序号	大类指标	条文编号	辅助评价专业	专业	序号	大类指标	条文编号	辅助评价专业
建筑	1	基本规定	3.2.8	给水排水、建筑物理	结构	1	安全耐久	4.1.2	建材	给水排水	1	健康舒适	5.1.3		电气	1	安全耐久	4.2.5	规划
	2	安全耐久	4.1.5			2		4.1.3	建筑		2		5.2.3			2	健康舒适	5.1.5	
	3		4.1.6			3		4.1.4			3		5.2.4			3		5.1.9	暖通空调
	4		4.1.7	电气		4		4.2.1			4		5.2.5			4	生活便利	6.1.3	
	5		4.1.8			5		4.2.8	建材		5	生活便利	6.2.8	电气		5		6.1.5	
	6		4.2.2			6		4.2.9	建材		6		6.2.11			6		6.1.6	
	7		4.2.3	结构		7	健康舒适	5.2.2	建材		7	资源节约	7.1.7			7		6.2.6	
	8		4.2.4			8	资源节约	7.1.8			8		7.2.10			8		6.2.7	
	9		4.2.6	结构、机电		9		7.1.10	建材		9		7.2.11	暖通空调		9		6.2.9	
	10		4.2.7	结构、建材		10		7.2.15	建材		10		7.2.12			10	资源节约	7.1.4	
	11	健康舒适	5.1.1	暖通空调、建筑物理		11		7.2.16	建材		11		7.2.13			11		7.1.5	暖通空调、给水排水
	12		5.1.2	暖通空调		12		7.2.17	建材		12	环境宜居	8.1.4	规划		12		7.1.6	
	13		5.2.1	暖通空调、建筑物理		13		7.2.18	建材		13		8.2.2	规划		13		7.2.7	暖通空调
	14	生活便利	6.2.2	规划	规划	14	提高与创新	9.2.5			14		8.2.5	规划	建筑物理	14	健康舒适	5.1.4	建筑
	15	资源节约	7.1.1			15	安全耐久	4.1.1	建筑	暖通空调	15	健康舒适	5.1.6			15		5.1.7	
	16		7.1.9			16	生活便利	6.1.1			16		5.1.8			16		5.2.6	建筑
	17		7.2.4	暖通空调		17		6.1.2			17	资源节约	7.1.2			17		5.2.7	建筑

续表

专业	序号	大类指标	条文编号	辅助评价专业	专业	序号	大类指标	条文编号	辅助评价专业	专业	序号	大类指标	条文编号	辅助评价专业	专业	序号	大类指标	条文编号	辅助评价专业
建筑	18	资源节约	7.2.14	建材	规划	18	生活便利	6.1.4		暖通空调	18	资源节约	7.1.3		建筑物理	18	健康舒适	5.2.8	建筑
	19	环境宜居	8.1.1	规划		19		6.2.1			19		7.2.5			19		5.2.9	暖通空调
	20		8.1.3	规划		20		6.2.3			20		7.2.6			20		5.2.10	建筑
	21		8.1.5			21		6.2.4			21		7.2.8			21		5.2.11	建筑
	22		8.2.1	规划		22		6.2.5			22		7.2.9	给水排水、电气		22	环境宜居	8.1.2	规划
	23		8.2.7	电气		23	资源节约	7.2.1			23	提高与创新	9.2.1	建筑		23		8.2.6	规划
	24	提高与创新	9.2.2			24		7.2.2		施工	24	提高与创新	9.2.8			24		8.2.8	规划
	25		9.2.3			25		7.2.3			25		9.2.9			25		8.2.9	规划
	26		9.2.6	施工、物业管理		26	环境宜居	8.1.6	物业管理							26	提高与创新	9.2.7	
	27		9.2.10	结构、施工、物业管理		27		8.2.3							物业管理	27	生活便利	6.2.10	
						28		8.2.4								28		6.2.12	暖通空调、给水排水
						29	提高与创新	9.2.4								29		6.2.13	
																30	环境宜居	8.1.7	建筑

注：专业划分依据住房和城乡建设部绿色建筑标识管理信息系统设定的专业划分，考虑部分条文一条中包含多个专业的款项内容，本指南设置辅助评价专业。

6　计算及报告模板

6.1　围护结构热工性能指标

表 6.1-1　居住建筑围护结构传热系数要求

性能提高幅度	围护结构部位		外围护结构传热系数	
			≤3 层	≥4 层
达到 5%	屋面		≤0.29	≤0.29
	外墙		≤0.33	≤0.43
	外窗	窗墙面积比≤0.30	≤1.7	≤2.1
		0.30<窗墙面积比≤0.50	≤1.4	≤1.9
	屋面天窗		≤1.7	
达到 10%	屋面		≤0.27	≤0.27
	外墙		≤0.32	≤0.41
	外窗	窗墙面积比≤0.30	≤1.6	≤2.0
		0.30<窗墙面积比≤0.50	≤1.4	≤1.8
	屋面天窗		≤1.6	
达到 15%	屋面		≤0.26	≤0.26
	外墙		≤0.30	≤0.38
	外窗	窗墙面积比≤0.30	≤1.5	≤1.9
		0.30<窗墙面积比≤0.50	≤1.3	≤1.7
	屋面天窗		≤1.5	

注：对于 0.50<窗墙面积比≤0.60 的情况，可进行权衡判断。

表 6.1-2　居住建筑外窗综合遮阳系数要求

性能提高幅度	窗墙比 R_{ww}	外窗综合遮阳系数（东、西向/南、北向）
达到 5%	$0.20<R_{ww}\leq 0.30$	无要求
	$0.30<R_{ww}\leq 0.40$	≤0.52
	$0.40<R_{ww}\leq 0.50$	≤0.48
达到 10%	$0.20<R_{ww}\leq 0.30$	无要求
	$0.30<R_{ww}\leq 0.40$	≤0.50
	$0.40<R_{ww}\leq 0.50$	≤0.45
达到 15%	$0.20<R_{ww}\leq 0.30$	无要求
	$0.30<R_{ww}\leq 0.40$	≤0.47
	$0.40<R_{ww}\leq 0.50$	≤0.43

表 6.1-3　甲类公共建筑围护结构热工性能要求

性能提高幅度	围护结构部位		传热系数 K [W/(m²·K)]		太阳得热系数 SHGC（东、南、西向/北向）
			体形系数≤0.3	0.30<体形≤0.5	
达到5%	屋面		≤0.43	≤0.38	无要求
	外墙（包括非透明幕墙）		≤0.48	≤0.43	无要求
	单一立面外窗（包括透光幕墙）	窗墙面积比≤0.20	≤2.9	≤2.7	无要求
		0.20<窗墙面积比≤0.30	≤2.6	≤2.4	≤0.49/无要求
		0.30<窗墙面积比≤0.40	≤2.3	≤2.1	≤0.46/无要求
		0.40<窗墙面积比≤0.50	≤2.1	≤1.8	≤0.41/无要求
		0.50<窗墙面积比≤0.60	≤1.9	≤1.6	≤0.38/无要求
		0.60<窗墙面积比≤0.70	≤1.8	≤1.6	≤0.33/0.57
		0.70<窗墙面积比≤0.80	≤1.5	≤1.4	≤0.33/0.49
		窗墙面积比>0.8	≤1.4	≤1.3	≤0.29/0.49
	屋顶透明部分（屋顶透光部分面积≤20%）		≤2.3		≤0.42（体形系数≤0.30）≤0.33（0.30<体形系数≤0.50）
达到10%	屋面		≤0.41	≤0.36	无要求
	外墙（包括非透明幕墙）		≤0.45	≤0.41	无要求
	单一立面外窗（包括透光幕墙）	窗墙面积比≤0.20	≤2.7	≤2.5	无要求
		0.20<窗墙面积比≤0.30	≤2.4	≤2.3	≤0.47/无要求
		0.30<窗墙面积比≤0.40	≤2.2	≤2.0	≤0.43/无要求
		0.40<窗墙面积比≤0.50	≤2.0	≤1.7	≤0.39/无要求
		0.50<窗墙面积比≤0.60	≤.8	≤1.5	≤0.36/无要求
		0.60<窗墙面积比≤0.70	≤1.7	≤1.5	≤0.32/0.54
		0.70<窗墙面积比≤0.80	≤1.4	≤1.4	≤0.32/0.47
		窗墙面积比>0.8	≤1.4	≤1.3	≤0.27/0.47
	屋顶透明部分（屋顶透光部分面积≤20%）		≤2.2		≤0.40（体形系数≤0.30）≤0.32（0.30<体形系数≤0.50）
达到15%	屋面		≤0.38	≤0.34	无要求
	外墙（包括非透明幕墙）		≤0.43	≤0.38	无要求
	单一立面外窗（包括透光幕墙）	窗墙面积比≤0.20	≤2.6	≤2.4	无要求
		0.20<窗墙面积比≤0.30	≤2.3	≤2.1	≤0.44/无要求
		0.30<窗墙面积比≤0.40	≤2.0	≤1.9	≤0.41/无要求
		0.40<窗墙面积比≤0.50	≤1.9	≤1.6	≤0.37/无要求
		0.50<窗墙面积比≤0.60	≤1.7	≤1.4	≤0.34/无要求
		0.60<窗墙面积比≤0.70	≤1.6	≤1.4	≤0.30/0.51

续表

性能提高幅度	围护结构部位		传热系数 K［W/（m²·K）］体形系数≤0.3	传热系数 K［W/（m²·K）］0.30<体形≤0.5	太阳得热系数 SHGC（东、南、西向/北向）
达到15%		0.70<窗墙面积比≤0.80	≤1.4	≤1.3	≤0.30/0.44
		窗墙面积比>0.8	≤1.3	≤1.2	≤0.26/0.44
	屋顶透明部分（屋顶透光部分面积≤20%）		≤2.0		≤0.37（体形系数≤0.30） ≤0.30（0.30<体形系数≤0.50）

表 6.1-4　乙类公共建筑围护结构热工性能要求

性能提高幅度	围护结构部位	传热系数 K［W/（m²·K）］	太阳得热系数 SHGC
达到5%	屋面	≤0.52	无要求
	外墙（包括非透光墙）	≤0.57	无要求
	单一立面外窗（包括透光幕墙）	≤2.4	无要求
	屋顶透光部分（屋顶透光部分面积≤20%）		≤0.42
达到10%	屋面	≤0.50	无要求
	外墙（包括非透光墙）	≤0.54	无要求
	单一立面外窗（包括透光幕墙）	≤2.3	无要求
	屋顶透光部分（屋顶透光部分面积≤20%）		≤0.40
达到15%	屋面	≤0.47	无要求
	外墙（包括非透光墙）	≤0.51	无要求
	单一立面外窗（包括透光幕墙）	≤2.1	无要求
	屋顶透光部分（屋顶透光部分面积≤20%）		≤0.37

6.2　空调系统冷源机组能效指标

机组类型			能效指标	名义制冷量 CC（kW）	本标准第 7.2.5 条评分项要求（得 5 分）	本标准第 7.2.5 条评分项要求（得 10 分）
电机驱动的蒸气压缩循环冷水（热泵）机组	水冷	活塞式/涡旋式	制冷性能系数	CC≤528	4.35	4.59
		螺杆式（定频）		CC≤528	4.98	5.26
				528<CC≤1163	5.41	5.71
				CC>1163	5.83	6.16
		螺杆式（变频）		CC≤528	4.73	5.00
				528<CC≤1163	5.14	5.42

续表

机组类型			能效指标	名义制冷量 CC（kW）	本标准第 7.2.5 条评分项要求（得 5 分）	本标准第 7.2.5 条评分项要求（得 10 分）
电机驱动的蒸气压缩循环冷水（热泵）机组	水冷	螺杆式（变频）	制冷性能系数	CC＞1163	5.54	5.85
		离心式（定频）		CC≤1163	5.51	5.82
				1163＜CC≤2110	5.83	6.16
				CC＞2110	6.15	6.50
		离心式（变频）		CC≤1163	5.12	5.41
				1163＜CC≤2110	5.42	5.73
				CC＞2110	5.72	6.05
	风冷或蒸发冷却	活塞式/涡旋式		CC≤50	2.76	2.91
				CC＞50	2.97	3.14
		螺杆式		CC≤50	2.97	3.14
				CC＞50	3.18	3.36
单元式空气调节机、风管送风式和屋顶式空调机组	风冷	不接风管	能效比（EER）	7.1＜C≤14.0	2.92	3.08
				CC＞14.0	2.86	3.02
		接风管		7.1＜CC≤14.0	2.70	2.86
				CC＞14.0	2.65	2.80
	水冷	不接风管		7.1＜CC≤14.0	3.71	3.92
				CC＞14.0	3.55	3.75
		接风管		7.1＜CC≤14.0	3.39	3.58
				CC＞14.0	3.29	3.47
多联式空调（热泵）机组		—	制冷综合性能系数 IPLV（C）	CC≤28	4.21	4.52
				28＜CC≤84	4.16	4.47
				CC＞84	4.05	4.35
溴化锂吸收式冷水机组		直燃型	制冷性能参数	—	1.27	1.34

6.3 水资源利用方案模板

1. 编制依据及原则

水资源利用方案的编制背景、目的及意义。

2. 项目所在地环境特点及工程概况

2.1 环境特点

项目所在地与节水设计相关的环境条件，包括地方政策法规、地区气候条件、地质条件、自然水资源状况和市政设施等诸多方面。

2.2　项目概况

项目地理位置、申报范围、建筑类型、建筑面积、建筑高度、主要功能介绍等相关说明。

3. 用水量分析及计算

3.1　节水用水定额的确定

项目根据《民用建筑节水设计标准》GB 50555 确定各用水分项节水用水定额。

3.2　项目用水组成分析

项目的用水组成说明，项目各用水分项的构成说明（可参考《建筑中水设计规范》GB 50336-2018 规定的各类建筑用水分项占总用水量的百分比）。

3.3　节水用水量计算

项目根据各用水分项节水用水定额、用水单位数量、年用水天数（年用水天数的确定依据应有相应说明）计算各水源年均用水量，见表 6.3-1、表 6.3-2。

表 6.3-1　生活给水节水用水标准和用水量

用水单元	用水单位数	用水定额	分项给水百分比例	用水时间平均日用水量（m^3）	年用水时间或次数	年用水量（m^3）
分项一						
分项二						
…						
小计						
未预见水量						

表 6.3-2　非传统水源节水用水标准和用水量

用水单元	用水单位数	用水定额	分项给水百分比例	用水时间平均日用水量（m^3）	年用水时间或次数	年用水量（m^3）
分项一						
分项二						
…						
小计						
未预见水量						

4. 给水排水系统设计

4.1　给水系统

4.1.1　水源

项目生活给水水源情况，包括位置、水压等。

4.1.2　管网系统

项目给水系统形式，包括加压方式、压力分区、减压措施、管材选用等。

4.2　热水系统

4.2.1　热源类型和系统形式

项目生活热水需求概况、热水系统形式、热源类型、循环方式、管材选用等。

4.2.2 热水节水用水量计算

项目根据《民用建筑节水设计标准》GB 50555 确定各用水分项热水节水用水定额。根据各用水分项热水节水用水定额、用水单位数量、年用水天数（年用水天数的确定依据应有相应说明）计算年热水用水量，见表 6.3-3。

表 6.3-3 生活热水节水用水量

用水单元	用水单位数	用水指标	用水时间平均日用水量（m^3）	年用水时间或次数	年用水量（m^3）	热源
分项一						
分项二						
…						
小计						
未预见水量						
合计						

4.3 排水系统

4.3.1 污废水排放量

项目室内污废水排放量。

4.3.2 系统设置

项目室内排水体制、系统形式、排水处理等。

4.3.3 室外排水

项目室外排水体制、系统形式、排水处理等。

4.4 雨水系统

4.4.1 雨水排水量

项目屋面、场地、下沉庭院等各区域设计暴雨强度、各类型下垫面汇水面积、综合径流系数、雨水排放量等。

4.4.2 屋面雨水系统

项目屋面雨水排水系统形式。

4.4.3 室外雨水系统

项目室外场地雨水排水系统形式。

4.4.4 雨水利用

项目雨水入渗、调蓄、利用措施说明。

4.5 节水器具、节水设备

4.5.1 节水器具

项目采用的节水器具类型统计，见表 6.3-4。

表 6.3-4 节水器具统计表

序号	器具名称	用水效率等级	备注

4.5.2　节水设备

项目采用的节水设备介绍。

4.6　计量设置

项目计量水表设置原则、位置介绍，包含水表分级示意图。

5. 非传统水源利用

5.1　非传统水源利用概况。

项目采用的非传统水源类型及用途。

5.2　非传统水源利用方案及相关计算

项目非传统水源的获得方式、原水量计算、水量平衡分析、处理工艺介绍等。

5.3　非传统水源利用规模

项目非传统水源设计供水量或利用量，处理、供水设施规模及设备参数。

5.4　非传统水源利用率

计算项目非传统水源利用率。

5.5　非传统水源利用安全措施

项目非传统水源利用的水质、供水安全措施及防误接误用措施。

6. 其他

除上述内容外，与项目节水相关的内容（如雨水利用、人工景观水体处理等）。

6.4　非传统水源利用计算书模板

一、项目概况

项目名称：　　　　　　　　　　　　　　　　项目所在地区：

非传统水源类型：□市政再生水（中水）□自建中水□雨水□其他________

二、年用水量计算

节水定额取自《民用建筑节水设计标准》GB 50555。

表 6.4-1　生活给水节水用水标准和用水量

用水单元	用水单位数	用水定额	用水时间平均日用水量（m^3）	年用水时间或次数	年用水量（m^3）

表 6.4-2　中水节水用水标准和用水量

用水单元	用水单位数	用水定额	用水时间平均日用水量（m^3）	年用水时间或次数	年用水量（m^3）

三、非传统水源利用比例计算

$$R_u = \frac{W_i}{Q_i} \times 100\%$$

式中 R_u——采用非传统水源的用水量占其总用水量的比例,%;

W_i——采用非传统水源的实际使用量，m^3/a;

Q_i——实际用水总量，m^3/a;

i——用水类型分项，如绿化灌溉、车库及道路冲洗、洗车，冲厕，冷却水补水等。

1. 绿化灌溉、车库及道路冲洗、洗车用水量比例计算：

$$R_u=\frac{\sum W_i}{\sum Q_i}\times 100\%$$

式中 R_u——绿化灌溉、车库及道路冲洗、洗车采用非传统水源的用水量占其总用水量的比例,%;

$\sum W_i$——绿化灌溉、车库及道路冲洗、洗车采用非传统水源的实际使用量，m^3/a;

$\sum Q_i$——绿化灌溉、车库及道路冲洗、洗车实际用水总量，m^3/a。

2. 冲厕用水量比例计算：

$$R_u=\frac{W_{冲厕}}{Q_{冲厕}}\times 100\%$$

式中 R_u——冲厕采用非传统水源的用水量占其总用水量的比例,%;

$W_{冲厕}$——冲厕采用非传统水源的实际使用量，m^3/a;

$Q_{冲厕}$——冲厕实际用水总量，m^3/a。

3. 冷却水补水用水量比例计算：

$$R_u=\frac{W_{补水}}{Q_{补水}}\times 100\%$$

式中 R_u——冷桥水补水采用非传统水源的用水量占其总用水量的比例,%;

$W_{补水}$——冷却水补水采用非传统水源的实际使用量，m^3/a;

$Q_{补水}$——冷却水补水实际用水总量，m^3/a。

四、结论

绿化灌溉、车库及道路冲洗、洗车用水采用非传统水源的用水量为________，占其总用水量的比例为________，得分为________。

冲厕采用非传统水源的用水量占其总用水量为________，占其总用水量的比例为________，得分为________。

冷却水补水采用非传统水源的用水量为________，占其总用水量的比例为________，得分为________。

6.5 年径流总量控制率计算书模板

一、编制依据及原则

项目概况、计算依据。

二、汇水分区

根据建设项目用地内雨水设施分布、排水点分布及市政雨水管网接口位置进行汇水分区的划分，应附图。

三、年径流总量控制率计算

表 6.5-1　各汇水分区综合径流系数计算表

汇水分区编号	下垫面类型	下垫面面积（m^2）	径流系数（ψ_c）	综合径流系数（ψ_{zc}）
	硬质屋面			
	普通绿地			
	下凹绿地			
	透水铺装			
	……			
	硬质屋面			
	普通绿地			
	下凹绿地			
	透水铺装			
	……			

表 6.5-2　各汇水分区径流控制量计算表

汇水分区编号	汇水面积（m^2）	综合径流系数（ψ_{zc}）	目标控制量（m^3）	设计控制量（m^3）	设计控制量－目标控制量

目标控制量＝汇水面积×综合径流系数×目标年径流总量控制率对应的设计降雨量。

设计控制量＝场地雨水控制设计后，汇水分区内可实现雨水调蓄的总容积。

判断标准：

（1）当所有汇水分区的“设计控制量－目标控制量”为正值时，则项目满足年径流总量控制率的要求；

（2）当有个别汇水分区的“设计控制量－目标控制量”为负值时，需根据各汇水分区面积占项目总用地面积的比例加权平均计算项目总体的雨水调蓄容积所对应的设计降雨量，来判断是否满足年径流总量控制率的要求。

6.6　绿色建材应用比例计算书模板

一、项目概况

项目采用的绿色建材种类及其应用量。

二、绿色建材应用比例计算

本条中绿色建材应用比例应根据下式计算，并按表 6.6 确定得分。

$$P=(S_1+S_2+S_3+S_4)/100\times100\%$$

式中 P——绿色建材应用比例；

S_1——主体结构材料指标实际得分值；

S_2——围护墙和内隔墙指标实际得分值；

S_3——装修指标实际得分值；

S_4——其他指标实际得分值。

表 6.6 绿色建材应用比例计算表

计算项	计算单位	单项分值	绿色建材用量	总用量	应用比例	实际得分	
主体结构	预拌混凝土	m^3	10～20*				
	预拌砂浆	m^3	5～10*				
围护墙和内隔墙	非承重围护墙	m^3	10				
	内隔墙	m^3	5				
装修	外墙装饰面层涂料、面砖、非玻璃幕墙板等	m^2	5				
	内墙装饰面层涂料、面砖、壁纸等	m^2	5				
	室内顶棚装饰面层涂料、吊顶等	m^2	5				
	室内地面装饰面层木地板、面砖等	m^2	5				
	门窗、玻璃	m^2	5				
其他	保温材料	m^2	5				
	卫生洁具	具	5				
	防水材料	m^2	5				
	密封材料	kg	5				
	其他	—	5				
合计							

三、结论

项目在______、______、______、______、______等使用了通过绿色建材产品认证的产品，其余材料未使用。经表 6.6 详细计算，绿色建材应用比例为 ______%，可判定得______分。